洛阳万安山
生态保护与利用规划设计研究

PLANNING AND DESIGN RESEARCH ON
ECOLOGICAL PROTECTION AND UTILIZATION IN
LUOYANG WAN'AN MOUNTAIN

国家林业和草原局产业发展规划院　著

中国林业出版社

图书在版编目(CIP)数据

洛阳万安山生态保护与利用规划设计研究／国家林业和草原局产业发展规划院著. -- 北京：中国林业出版社，2021.12
ISBN 978-7-5219-1088-9

Ⅰ.①洛… Ⅱ.①国… Ⅲ.①山区—生态环境—环境保护—研究—洛阳②山区—生态环境—区域环境规划—研究—洛阳 Ⅳ.①X321.261.3

中国版本图书馆CIP数据核字(2021)第047407号

责任编辑：孙 瑶 何增明
出版发行：中国林业出版社
　　　　　（100009 北京市西城区刘海胡同7号）
电　　话：010-83143629
印　　刷：北京雅昌艺术印刷有限公司
版　　次：2022年1月第1版
印　　次：2022年1月第1版
开　　本：787mm×1092mm 1/16
印　　张：14.5
字　　数：350千字
定　　价：268.00元

《洛阳万安山生态保护与利用规划设计研究》

组织单位

国家林业和草原局产业发展规划院

主　著

彭　蓉

副 主 著

陈　丹

著作团队

张谊佳	苏　博	王孟欣	赵　明
马　兰	李梓雯	王　岩	吕　将
雷　霄	王旖静	薛彦新	高　媛
孙道千	赵依丹	张承宇	刘睿琦
姚　清	苏日娜	姜　哲	商　楠
张　邈	龚　容	贾晓君	于乃群
程子岳	陶禹行	刘亚楠	杨语哲

主　著

彭蓉，博士，国家林业和草原局产业发展规划院副总工程师，国家一级注册建筑师，教授级高级工程师，硕士生导师，享受政府特殊津贴，全国三八红旗手，中国林业工程建设协会风景园林专业委员会专家委员主任，全国国家公园和自然保护地标准化技术委员会委员，中国国际工程咨询协会专家咨询委员会专家委员。从事风景园林规划设计和理论研究工作30年，承担相关规划设计项目400多个，涉及国家公园、自然保护区、自然公园、森林城市、城市公园绿地、古建筑等方面，获得省部级优秀咨询、规划、设计奖30余项；出版本专业领域论著3篇，发表论文20余篇；参与5部国家标准的编制工作，多次参加国内外各种学术会议做主题发言。

副主著

陈丹，博士，国家林业和草原局产业发展规划院所长，中国林业工程建设协会草原生态专委会副主任委员，教授级高级工程师，曾获得茅以升科学技术奖-北京青年科技奖和第二十二届北京优秀青年工程师称号，多年来主要从事风景园林及自然保护地、生态旅游、山水林田湖草生态保护修复、森林城市、林业产业等林业工程规划设计工作，获得项目奖项20余项，发表论文20余篇。

著作团队

国家林业和草原局产业发展规划院（中国园林工程有限责任公司），是国家林业和草原局直属单位。以从事林业工程、风景园林、林产工业、建筑工程的咨询、规划、设计、项目管理和工程总承包为核心业务，为工程建设项目提供多方位、全过程服务的企业。

院（公司）现有员工400多名，中高级职称人数占80%以上。其中：国家级设计大师、享受国家特殊津贴的专家及有突出贡献的中青年专家20余名；各类注册工程师百余人。

为全面推进林业和草原工程建设，提供有力的技术支撑和服务保障，竭诚为社会、为林业和草原行业、为各界顾客提供优良的产品和服务。

万安山的前世今生

万安山又名玉泉山、大石山或石林山，当地人又称南山，位于洛阳市伊滨区与伊川县交界处，东接嵩岳，西达伊阙，海拔937.3m。万安山与中岳嵩山遥遥相对，巍峨壮观，为洛阳东南之要冲，古都之南的天然屏障。所谓"皇宫对嵩顶""云收中岳近"的诗句，便是指曾几何时洛阳皇宫与万安山遥遥相望情形。此外，山上密林怪石，沟壑深险，清泉涌流，是旧时洛阳八小景之一"石林雪霁"所在地。

万安山人文历史悠久，魏文帝常猎于此山；山坳有魏明帝的高平陵；司马光对万安山情有独钟，留下多处遗迹；女皇武则天曾亲临万安山玉泉寺，在山上建起了万安宫；姚崇、宋璟、裴度、贾岛、张说、李德裕、张庭珪、李多祚、范仲淹等将相名人均安息于此……万安山浓厚的人文气息，可谓撑起了伊洛文化的一翼厚重。

新中国成立后，万安山仍属洛阳县辖，1955年12月并入偃师县。2007年3月洛阳市成立伊洛工业园区（现伊滨经济开发区），2009年1月开始整体代管诸葛、李村两镇，2010年10月又整体代管庞村、佃庄、寇店三镇。至此，万安山北坡大部分随着诸葛、李村、寇店三镇划入洛阳伊滨区范围内，南坡则属伊川县管辖。

近10年来，万安山在政府和社会各界的殷切关注下，充分依托自身在自然景观和历史文化方面的资源，经过了系统全面的规划和建设，已经成为集游览、观光、度假、访古、运动、科普、养生于一体的综合性生态功能区域。

本书研究的范围在洛阳市伊滨区境内，即万安山北坡，包括李村、寇店、诸葛三镇，东至寇店镇东边界，西至龙门，北至伊滨区南环路—南兆域南边界一线，南至伊滨区南边界，区域总面积为116.7km^2。

序

中国是一个多山的国家，国土面积的70%都是山峦。有山即有水，国人对"山水"具有悠久的认知传统，并将自然的特征逐步渗入文化的基因中，形成朴素的生态意识，也是在这一意识下衍生出了与自然山水有关的规划思想，强调"天人合一""象天法地"，即人不能脱离自然，要尊重、效法自然，谋求共生并与自然合二为一。正是受这一思想的影响，我国传统的城市规划非常注重山水格局对人居环境的影响，具有重要地位的山岳通常成为城市景观重要的生态背景和生态屏障。

随着我国城镇化进程的不断推进，自然资源的保护与利用之间的矛盾日益突显，尤其在城市空间拓展过程中，位于城郊空间的山体常常面临诸多问题，比如山城争地、乱建乱盖、山体破坏、资源浪费、过度利用等等。面对城镇化建设带来的一系列生态环境问题，党中央、国务院十分重视，采取了一系列战略措施，加大了生态环境保护力度，并多次在重要文件中专门进行论述，不断提升生态保护在国家发展中的重要性。

政策效应的集中释放，使一些地区的生态得到了有效的保护和改善，但仍存在两个方面的主要问题，一方面我国是一个人均资源相对不足、经济发展对资源需求的依赖性强且地区差异较大的国家，部分地区生态发展的意识和理念仍存在偏差，导致生态保护与经济社会发展之间的矛盾依然突出；另一方面我们经历过也正在经历着生态环境保护的敏感时期，在生态保护过程中，但凡提到"建设""利用"这些字眼，似乎意味着变相的开发。

这些问题往往在城郊空间体现得最为集中。城郊山体、森林、水资源作为城市外围不可多得的自然资源，构成了城市独特的景观风貌基底，它们既是维持生态系统稳定、提供动植物栖息空间的载体，也为人类的生产、生活提供了多样化的生态利用可能，构成了城市独特的景观风貌基底，更是阻挡城市建设用地不断扩张的最后一道防线。若无合理的保护与利用指导，这些区域很可能不但无法成为人们触摸和感受自然的世外桃源，还可能因为人为活动的无序干扰导致生物多样性减少、水土流失加剧、自然灾害频发等一系列更为严重的后果，与新时代生态文明建设思想和可持续发展的理念背道而驰。针对城郊空间的现实问题，国内众多专家学者在不断进行相关理论研究，一些城市也在实践中摸索着前进，但二者相结合的实践成果却凤毛麟角。

很高兴地看到国家林业和草原局产业发展规划院在这一领域进行了深入的研究和实践，并将成果编纂成书，为其他众多同类型城郊空间的保护与利用提供借鉴。为做好千年古都洛阳城这处城郊空间的科学规划与设计，设计院深耕万安山十年，本书以大量的、不同尺度、不同对象的现场调研为基础，结合在生态保护与利用方面多学科的文献研究，将十年建设成果通过宏观、中观、微观三个层面展示在读者面前，直观地反映生态保护与利用工作从规划到设计，从理论到建成落地的过程。其最难能可贵的地方在于，一是将传统的"天人合一"思想融会贯通于规划、设计各个阶段，即宏观层面注重自然与城的结合，中观层面注重低人为干预的自然恢复，微观层面注重"巧于因借，精在体宜；虽由人作，宛自天开"。二是将生态保护与利用各层面工作重点在时间维度给予了答案。宏观层面侧重于多部门、多学科、多领域、多专业的融合与协调，中观层面侧重于生态本底的系统化修复，微观层面侧重于景观展示和文化传承。

随着国土空间规划的逐步推进，城郊的生态空间与生活、生产空间之间的和谐共存关系更将受到社会重点关注。本书是目前少见的专注于系统化解决城郊空间保护与发展矛盾的著作，相信本书理论联系实践的研究定会为城市管理者和规划设计人员科学布局城郊生态、生产和生活空间，合理解决生态保护与发展的矛盾，平衡资源与利用关系提供借鉴和参考。

杨超

前言

自然环境是人类安身立命之所，在拥有悠久历史的中国，从古代到现代，人与自然的选择与利用，使人在自然的生存过程中将自身的需求、智慧、能力凝聚于山水之中，也形成了各具特色的人居环境理念和地域文化。公元前1046年，周武王灭殷后，周公营建洛邑（今洛阳），通过察山看水，在邙山脚下、洛水之滨，建了中国第一个依山面水的山水都城——周王城，洛阳自此便成为了我国历史上典型的拥有舒适山水人居环境、并承载着深厚文化底蕴的城市。

随着洛阳现代化城市建设进入21世纪，城区逐步向南、向东跨洛河、伊河发展，2010年，洛阳新区伊滨区建设被洛阳市政府列入议程。万安山作为伊滨新区南部生态屏障，在新区建设之初便备受瞩目——与城市协调发展，与原生环境融合并揭高其生态服务价值，实现洛阳千年帝都文化传承，是万安山生态保护与利用的目的。因此，万安山生态保护与利用规划是一个集融合城市发展、环境品质提升、文化一脉传承等多种需求于一体，涉及城市规划、林业、园林、生态、文化等多学科的系统工程。通过万安山生态保护与利用建设工程，我们逐步尝试更科学合理地划定生态保护区域、区分空间管制层级、确定合理利用方式，并在实践研究中不断探索和完善。

本研究始于2010年末《万安山生态保护与利用规划》项目，随后通过《洛阳万安山山体植被恢复设计（2013—2020）》《洛阳万安山山顶公园景观方案设计》《万安山天湖景区设计》等项目实践，在十年深耕万安山生态保护与利用工作后，形成本次成果。本书基于洛阳悠久、深厚的城市和文化发展脉络，结合万安山所处生态区位，研究如何通过不同尺度的规划和设计，因地制宜、师法自然地做好城郊空间生态屏障建设，

以十年实践成果为依托，系统阐述各阶段研究重点、策略和成效。在全面保护和建设绿水青山的理念下，为如何科学利用发展和保护诉求最为集中的、城市开发边界和生态保护红线之间的城郊生态空间提供借鉴。

感谢洛阳市伊滨区管理委员会、洛阳万安山建设发展有限公司多年来对我们团队的信任和支持，能够让我们有机会、有平台实现规划落地的全过程，积累在城郊生态空间开展生态保护和利用工作各阶段的实践经验。特别感谢王铎先生，在其生前分享毕生关于洛阳城市发展与历史文脉的研究，对万安山的建设理念、文化脉络梳理大有裨益。衷心感谢王立林先生在项目研究和实施过程中的支持和指引，让规划团队能在 $116.7km^2$ 充分施展抱负，并在实践过程中对洛阳深厚的历史文化和我国传统造园思想有了更深刻的认识和感悟。感谢中国林业出版社何增明、孙瑶为本书的出版给予的支持与帮助。受专业水平的限制，书中不妥之处还请各方专家同行指正。

目 录

万安山的前世今生

序

前言

1 城郊空间生态保护与利用 / 001

1.1 发展和研究的背景 / 002
1.2 研究的意义 / 003

2 万安山保护与利用体系研究 / 005

2.1 资源评价 / 006
    2.1.1 自然资源 / 006
    2.1.2 人文资源 / 008
    2.1.3 资源价值 / 028

2.2 建设条件 / 028
    2.2.1 资源禀赋优势明显 / 028
    2.2.2 旅游开发潜力深厚 / 029
    2.2.3 空间用地构成复杂 / 029
    2.2.4 生态安全问题严重 / 029

2.3 发展定位 / 031
    2.3.1 全国生态保护利用示范区 / 031
    2.3.2 中华源文化创新发展高地 / 031
    2.3.3 河南特色生态产业集群地 / 031
    2.3.4 大中原知名生态旅游胜地 / 032

2.4 生态保护与利用的体系与内容 / 032
    2.4.1 研究体系 / 032
    2.4.2 研究内容 / 033

3 万安山区域规划 / 035

3.1 缘起 / 036

3.2 规划综述 / 036
    3.2.1 规划主题 / 036
    3.2.2 规划目标 / 037

3.3 规划成果 / 037
    3.3.1 规划布局及分区 / 037
    3.3.2 土地利用规划 / 042
    3.3.3 林业工程规划 / 044
    3.3.4 水利工程规划 / 053
    3.3.5 历史遗存保护规划 / 056
    3.3.6 村庄整合规划 / 057
    3.3.7 景观风貌规划 / 063
    3.3.8 道路交通规划 / 071
    3.3.9 旅游发展规划 / 076

4 万安山植被恢复 / 081

4.1 场地现状 / 082
    4.1.1 现状条件 / 082
    4.1.2 问题和对策 / 089

4.2 设计目标 / 091

4.3 设计策略 / 092

4.4 设计理念 / 092

4.5 景观分区 / 094
    4.5.1 山林观赏区 / 094
    4.5.2 百花丰果区 / 096
    4.5.3 山顶游憩区 / 096
    4.5.4 运动休闲区 / 097
    4.5.5 万安论道区 / 098

4.5.6　林果体验区 / 098
4.6　山体绿化 / 099
4.6.1　植物选择 / 099
4.6.2　群落配置 / 105
4.6.3　造林技术 / 138

5　万安山景观营造 / 147

5.1　场地现状 / 148
5.1.1　山形地势 / 148
5.1.2　山顶植被 / 149
5.1.3　场地文化 / 149

5.2　设计目标 / 150

5.3　设计策略 / 150
5.3.1　绿色生态保护策略 / 150
5.3.2　游憩空间营造策略 / 151
5.3.3　文化内涵赋予策略 / 151

5.4　景观分区 / 151
5.4.1　布局结构 / 151
5.4.2　景观分区 / 152

5.5　重要节点设计 / 155
5.5.1　观伊览胜 / 157
5.5.2　太虚化境 / 163
5.5.3　石林怀古 / 169
5.5.4　凭栏仰圣 / 175
5.5.5　临壁小驻 / 187
5.5.6　灵台仙踪 / 191
5.5.7　松岭问道 / 197
5.5.8　玉虚观象 / 207

后记：关于生态保护与利用的思考

表目录

- 表2-1　土地利用情况表 / 008
- 表2-2　各村庄人口及主要产业经济数据表 / 019
- 表2-3　旅游资源分类表 / 026

- 表3-1　规划用地平衡表 / 042
- 表3-2　行政撤销村庄一览表 / 058
- 表3-3　整合后村庄一览表 / 059
- 表3-4　整合后村庄人口及村庄用地面积一览表 / 060
- 表3-5　旅游项目列表 / 077

- 表4-1　立地类型划分的主导因子（分级量化标准）一览表 / 084
- 表4-2　立地类型划分一览表 / 085
- 表4-3　现有主要植物一览表 / 087
- 表4-4　万安山景观分区统计表 / 094
- 表4-5　主要乔木观赏特征分析表 / 101
- 表4-6　主要小乔木及灌木观赏特征分析表 / 103
- 表4-7　主要草本植物观赏特征分析表 / 104
- 表4-8　核桃园区域—缓中坡中厚土区植物种植表 / 107
- 表4-9　非核桃园区域—缓中坡中厚土区植物种植表 / 109
- 表4-10　非核桃园区域—缓中坡薄土区植物种植表 / 110
- 表4-11　缓中坡中厚土区植物种植表 / 112
- 表4-12　缓中坡薄土区植物种植表 / 113
- 表4-13　精品花卉展示区植物种植表 / 115
- 表4-14　林果观赏采摘区植物种植表 / 116
- 表4-15　生态背景区植物种植表 / 116
- 表4-16　缓中坡中厚土区植物种植表 / 118
- 表4-17　缓中坡薄土区植物种植表 / 120
- 表4-18　运动区背景植物种植表 / 123
- 表4-19　缓中坡中厚土区植物种植表 / 125
- 表4-20　山体观赏面核桃园区域—缓中坡中厚土区植物种植表 / 126
- 表4-21　半坡道路植物一览表 / 131
- 表4-22　陡坡阴坡植物种植表 / 132
- 表4-23　重点景观区植物种植表 / 134

图目录

图2-1　地形地貌分布图 / 006
图2-2　树种分布图 / 007
图2-3　用地图 / 009
图2-4　耕地实景图 / 009
图2-5　林地类型图 / 010
图2-6　林地实景图 / 010
图2-7　草地实景图 / 011
图2-8　县道实景图 / 011
图2-9　乡道实景图 / 011
图2-10　村间道路实景图 / 012
图2-11　田间道路实景图 / 012
图2-12　水域及水利设施分布图 / 012
图2-13　白龙潭及周边环境实景图 / 013
图2-14　朝阳洞实景图 / 014
图2-15　朝阳洞建筑环境平面图 / 015
图2-16　祖师庙建筑环境平面图 / 015
图2-17　磨针宫实景图 / 015
图2-18　祖师庙实景图 / 016
图2-19　水泉石窟实景图 / 017
图2-20　村庄分布图 / 017
图2-21　村庄人口分布图 / 018
图2-22　村庄人均占地面积分析图 / 018
图2-23　村庄人均纯收入分析图 / 019
图2-24　上徐马建筑院落图 / 021
图2-25　上徐马建筑风貌实景图 / 022
图2-26　土石房民居 / 023
图2-27　砖混房民居 / 023
图2-28　陆浑水库东一干渠实景图 / 023
图2-29　酒流沟水库实景图 / 024
图2-30　沙河三库实景图 / 025
图2-31　旅游资源分布图 / 025
图2-32　旅游资源关系分析图 / 030

图3-1　规划布局结构图 / 038
图3-2　万安山新八景图 / 038
图3-3　功能分区图 / 040
图3-4　规划总平面图 / 041
图3-5　土地利用规划图 / 042
图3-6　林业生态工程规划图 / 045
图3-7　村庄特色景观规划图 / 052
图3-8　水利工程规划图 / 054
图3-9　历史遗存保护规划图 / 057
图3-10　村庄整合规划图 / 057
图3-11　整合后村庄分布图 / 058
图3-12　景观结构规划图 / 063
图3-13　新区水系延长线景观规划图 / 064
图3-14　干渠景观规划图 / 066
图3-15　山脊线景观规划图 / 067

图3-16　万安山新八景规划图 / 068
图3-17　道路交通系统规划图 / 072
图3-18　自驾车旅游线路规划图 / 073
图3-19　电瓶车旅游线路规划图 / 074
图3-20　自行车旅游线路规划图 / 074
图3-21　徒步旅游线路规划图 / 075
图3-22　交通设施规划图 / 075
图3-23　旅游服务设施规划图 / 078

图4-1　万安山山体植被恢复设计范围 / 082
图4-2　现状高程分析图 / 083
图4-3　现状坡度分析图 / 083
图4-4　现状坡向分析图 / 084
图4-5　现状立地类型分析图 / 085
图4-6　现状立地类型划分图 / 086
图4-7　水文水系分布图 / 087
图4-8　现状植被分析图 / 088
图4-9　现状典型人文资源分布图 / 088
图4-10　现状地形地势示意图 / 089
图4-11　灌溉工程规划图 / 090
图4-12　瘠薄土质现状照片 / 091
图4-13　设计思路简图 / 093
图4-14　景观分区图 / 094
图4-15　山林观赏区位置图 / 095
图4-16　百花丰果区位置图 / 096
图4-17　山顶游憩区位置图 / 097
图4-18　运动休闲区位置图 / 097
图4-19　万安论道区位置图 / 098
图4-20　林果体验区位置图 / 099
图4-21　林相规划思维导图 / 106
图4-22　林相规划总平面图 / 106
图4-23　山体观赏面林相图 / 107
图4-24　核桃园区域—缓中坡中厚土区植物种植示意图1 / 108
图4-25　核桃园区域—缓中坡中厚土区植物种植示意图2 / 108
图4-26　非核桃园区域—缓中坡中厚土区植物种植示意图1 / 109
图4-27　非核桃园区域—缓中坡中厚土区植物种植示意图2 / 109
图4-28　非核桃园区域—缓中坡中厚土区植物种植示意图1 / 110
图4-29　非核桃园区域—缓中坡中厚土区植物种植示意图2 / 111
图4-30　城市景观轴林相图 / 111
图4-31　缓中坡中厚土区植物种植示意图1 / 112
图4-32　缓中坡中厚土区植物种植示意图2 / 113
图4-33　缓中坡薄土区植物种植示意图1 / 113
图4-34　缓中坡薄土区植物种植示意图2 / 114
图4-35　百花丰果区林相图 / 114
图4-36　圈层种植模式示意图（左）和整体布局设计图（右）/ 115
图4-37　百花丰果区植物种植示意图1 / 117
图4-38　百花丰果区植物种植示意图2 / 117
图4-39　华山松涛林相图 / 118
图4-40　缓中坡中厚土区植物种植示意图1 / 119
图4-41　缓中坡中厚土区植物种植示意图2 / 119
图4-42　缓中坡薄土区植物种植示意图1 / 120

图4-43　缓中坡薄土区植物种植示意图2 / 120
图4-44　滑道主题区林相图 / 121
图4-45　运动区背景林相图 / 122
图4-46　运动区背景植物种植示意图1 / 123
图4-47　运动区背景植物种植示意图2 / 124
图4-48　万安论道区林相图 / 124
图4-49　缓中坡中厚土区植物种植示意图1 / 125
图4-50　缓中坡中厚土区植物种植示意图2 / 126
图4-51　缓中坡薄土区植物种植示意图1 / 127
图4-52　缓中坡薄土区植物种植示意图2 / 127
图4-53　道路线型林相图 / 128
图4-54　山顶观光带行道树模式一植物种植示意图 / 128
图4-55　山顶观光带行道树模式二植物种植示意图 / 129
图4-56　山顶观光带道旁植物景观区种植示意图 / 129
图4-57　半坡道模式一（主次干道）种植示意图 / 130
图4-58　半坡道模式一（支路）种植示意图 / 130
图4-59　回头弯道路种植示意图 / 131
图4-60　陡坡阴坡林相图 / 132
图4-61　陡坡阴坡植物种植示意图1 / 133
图4-62　陡坡阴坡植物种植示意图2 / 133
图4-63　极陡坡林相位置图 / 134
图4-64　重点景观区植物种植示意图1 / 135
图4-65　重点景观区植物种植示意图2 / 135
图4-66　非重点景观区绿化意向图 / 137
图4-67　保留并改善现状植被区示意图 / 138
图4-68　整地规划图 / 139
图4-69　穴状整地示意图 / 139
图4-70　水平阶整地示意图 / 140
图4-71　鱼鳞坑整地示意图 / 141

图5-1　万安山山顶公园设计范围示意图 / 148
图5-2　祖师庙重建后实景图 / 149
图5-3　万安山山顶公园布局结构示意图 / 151
图5-4　万安山山顶公园总平面图 / 152
图5-5　万安山山顶公园入口图 / 153
图5-6　观伊览胜景观节点平面图 / 158
图5-7　观伊亭立面图 / 158
图5-8　观伊亭实景图 / 159
图5-9　景观水池设计图 / 160
图5-10　景观水池特色景墙设计图 / 160
图5-11　太虚化境景观节点平面图 / 164
图5-12　品茗水榭一层平面图 / 164
图5-13　品茗水榭立面图 / 165
图5-14　品茗水榭建成实景图 / 166
图5-15　曲桥平面图 / 166
图5-16　曲桥建成实景图 / 167
图5-17　石林怀古景观节点平面图 / 170
图5-18　见山亭平面图 / 170
图5-19　见山亭立面图 / 171
图5-20　魏帝射鹿建成实景图 / 171
图5-21　七贤雅林立面图 / 172

图5-22　竹林七贤观景台立面图 / 172
图5-23　凭栏仰圣景观节点平面图 / 177
图5-24　八相长廊南段平面图 / 179
图5-25　八相长廊南段——西立面、剖面图 / 179
图5-26　八相长廊南段——东立面、剖面图 / 180
图5-27　八相长廊北段平面图 / 182
图5-28　八相长廊北段立面图 / 182
图5-29　八相长廊北段剖面图 / 182
图5-30　八相长廊效果图 / 183
图5-31　八相长廊建成实景图 / 183
图5-32　忧乐亭平面图 / 184
图5-33　忧乐亭立面图 / 184
图5-34　忧乐亭剖面图 / 184
图5-35　忧乐亭建成实景图 / 185
图5-36　临壁小驻景观节点平面图 / 188
图5-37　临壁小驻广场效果图 / 188
图5-38　茶亭、茶廊一层平面图 / 189
图5-39　茶亭、茶廊立面图 / 189
图5-40　茶亭、茶廊效果图 / 189
图5-41　灵台仙踪景观节点平面图 / 192
图5-42　"天界"台平面图 / 192
图5-43　天界台及醉仙亭建成实景图 / 193
图5-44　悬空栈道平面图 / 193
图5-45　悬崖栈道效果图 / 194
图5-46　"三清境"摩崖石刻建成实景图 / 194
图5-47　松岭问道景观节点平面图 / 198
图5-48　星象台一层平面图 / 198
图5-49　星象台正立面图 / 199
图5-50　星象台侧立面图 / 199
图5-51　星象台效果图 / 200
图5-52　抚云轩一层平面图 / 200
图5-53　抚云轩立面图 / 201
图5-54　"听松""闻道"牌坊正立面图 / 201
图5-55　"听松""闻道"牌坊侧立面图 / 202
图5-56　"闻道"牌坊建成实景图 / 202
图5-57　不老石平面图 / 203
图5-58　不老石立面图 / 203
图5-59　"天书崖"平面图 / 204
图5-60　"天书崖"立面图 / 204
图5-61　松岭问道植物实景图 / 205
图5-62　玉虚观象景观节点平面图 / 208
图5-63　观景平台平面图 / 208
图5-64　望仙亭平面图 / 209
图5-65　望仙亭立面图 / 209
图5-66　望仙亭建成实景图 / 209
图5-67　揽胜亭平面图 / 210
图5-68　揽胜亭立面图 / 210
图5-69　揽胜亭建成实景图 / 211

城郊空间
生态保护与利用

1.1 发展和研究的背景

改革开放以来,我国各项建设事业迅猛发展,取得了十分显著的成绩。但在经济和社会发展过程中,也出现了一系列生态破坏和环境污染的情况。人口膨胀、自然资源短缺、生态环境恶化、人地矛盾突出等问题,使生态环境问题走进了人们的视野并受到高度关注。

多年来,党中央、国务院采取了一系列战略措施,加大了生态环境保护与建设力度,并多次在重要文件中专门进行论述,强调了生态文明建设的重要性。1973年,国务院制定的《关于保护和改善环境的若干规定(试行)》,标志着国家已将环境保护工作提到议事日程;1998年,国务院印发了《全国生态环境建设规划》,提出了生态建设的奋斗目标、总体布局和政策措施;2000年,国务院印发了《全国生态环境保护纲要》,明确了生态保护的指导思想、目标和任务,意味着生态保护工作由经验型管理向科学型管理转变、由定性型管理向定量型管理转变、由传统型管理向现代型管理转变;2007年,十七大报告将生态文明建设确立为全面建设小康社会的目标之一;2012年11月,十八大报告中进一步将生态文明建设作为社会主义现代化建设的重要组成部分,指出把生态文明建设放在突出地位,融入经济建设、政治建设、文化建设、社会建设各方面和全过程;2017年,党的十九大将"人与自然和谐共生"作为新时代中国特色社会主义建设的基本方略之一,强化了生态保护与建设是生态文明建设的重要内容和组成部分,是建设生态文明的基础。可以说,绿色可持续发展理念是生态文明建设的重要内涵,已在全社会深入人心。区域发展战略叠加,政策效应集中释放,使我国一些重点地区的生态环境经过多年来几代人的耕耘,得到了有效的保护和改善。

但由于中国人均资源相对不足、地区差异较大、经济发展对资源需求的扩大以及日益严重的生态危机等问题依然存在,我国仍然面临着一系列生态安全问题的威胁和挑战,生态保护与经济社会发展矛盾突出。特别是由于城市建设用地空间的不断扩大、行政区划的调整,导致部分城郊区域重要的生态载体和生态敏感地带的形态和区位功能发生了改变,使原本远离人类聚集区的生态空间和自然资源进入了人类活动干扰范围,造成了生态环境脆弱、生态空间不断被蚕食侵占、一些地区生态资源破坏严重、生态系统质量和功能低效等问题。

针对城郊空间在城市发展过程中所面临的现实问题,国内众多专家学者进行了研究,一些城市也进行了审时度势的探索与实践,提出了保护城郊空间生态环境设想,对城市周边山体森林、风景林地、湿地水体等空间进行了分级分层管控与合理利用的尝试。对这些现实问题解决方法的探索与实践均丰富和促进了城郊空间生态保护与利用的研究。

1.2 研究的意义

城郊生态空间的保护与利用是一个融合了多学科成果的系统工程，需要更科学合理地划定生态保护区域，区分空间管控层级，确定合理利用方式，对于其保护和利用的研究具有一定的现实意义。

（1）有利于科学保护生态系统，维护城市生态安全

生态保护与利用的核心理念是"生态优先""保护优先"，尊重生态系统的自然规律，强调因势利导、永续发展，无论是森林、湿地等自然生态系统，还是农田和城镇等人工生态系统，都应在保护的前提下，进行合理的开发利用，以积极的方式打造"天蓝、地绿、水清、气净"的生态环境。城郊空间是山水林田湖草交汇的集中体现地，生态保护与利用的研究和实践对全面保护城郊生态系统，达到各个生态系统的和谐共生，维护城市生态安全具有重要意义。

（2）有利于提高资源服务效能，增加居民生态福祉

自然资源一直为人类社会的发展提供着物质和能量基础，是社会发展的基本力量。生态保护和利用实践是在摸清自然资源家底的基础上，统筹人文社会需求，通过合理的规划梳理和分层设计，使不同的自然资源能够适度有效地在政策扶持、财政支持和社会协作引导下，改善低效利用方式，提高资源承载力和利用率，形成良性运转，更大程度发挥自然资源的生态效益、经济效益和社会效益，对提高自然资源的服务效能，扩大生态产品的供给能力，不断提升居民生态福祉，增强人民群众源自生态环境的获得感、幸福感、安全感，创造建立有利于生态保护与经济社会发展的长效机制具有重要意义。

（3）有利于协调保护利用关系，促进生态可持续发展

生态保护和利用不是孤立存在的。要实现区域可持续发展，就必须平衡好保护和利用的关系，树立保护和利用相统一的理念，实现保护与利用的内在融合、相互促进。生态保护与利用的研究与实践统筹城市发展需求，针对性地探索在保护环境基础上环境友好利用的方式和强度，确定在资源利用过程中生态保护修复的方法与重点，进而谋求生态保护与资源利用协同促进的平衡点，实现区域发展生态可持续。其研究的方法、步骤、结论与成效，以及总结出的生态保护与利用协调发展的科学路径，将为城市建设空间与自然生态空间的和谐共存奠定理论和实践基础，给其他众多同类型城郊区域的保护与利用提供很好的参考。其他区域借鉴现有经验，结合实际情况，可有效构建科学合理的生态、生活、生产空间格局，实现保护与利用互融互促可持续发展。

万安山保护与利用体系研究

2.1 资源评价

2.1.1 自然资源

万安山北坡初入洛阳地界时整个区域处于自然发展的状态，各类自然资源未进行合理的生态保护和有效利用。

1. 地形地貌

万安山属嵩山余脉。北坡区域北低南高，海拔高度从165.5m上升至最高峰万安山主峰小金顶的937.3m。从北到南地貌类型以丘陵地形为主（图2-1），主要有低黄土台原、黄土低丘陵、黄土高丘陵，东南部有部分为侵蚀剥蚀的中起伏陡中山，面积分别为11.3km²、53.4km²、40.3km²、11.7km²。

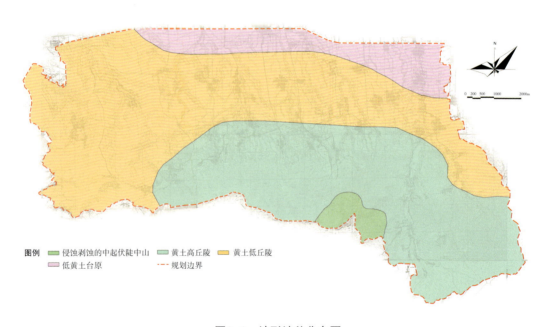

图2-1 地形地貌分布图

2. 土壤

区域内土壤类型以褐土和褐土性土两大类为主，分别占总土壤面积的86.1%（100.5km²）和13.9%（16.2km²）。土壤质地类型主要有砂土、黏壤土、粉砂黏土、壤土、砂壤土、壤黏土6种。表层土壤均为石灰岩残积母质上发育而成，土层较薄，多处基岩裸露，土层厚度一般不足0.3m，仅山谷一带土层稍厚，且含有大量石砾和新生料礓，颜色呈青灰色、暗红色，质地坚硬均匀。

3. 气候

万安山地处暖温带地区，属于暖温带大陆性季风气候，年均气温12.2～24.6℃，年降水量一般为400～800mm，平均风向为东北风、西北风最多，其次是东风、南风，北风最少。

4. 植被

万安山林木苍翠，有侧柏、圆柏、千头柏、油松等常绿针叶树和垂柳、刺槐、皂角、鸡爪槭、银杏、玉兰等落叶阔叶树百余种。山区中还有金银花、防风、首乌、枸杞、远志、细辛、柴胡、白芍、红花、山药、黄芪、白头翁、杜仲、灵芝等上百种药材。区内土壤主要类型为砂壤土和壤土，适宜多种林木、蔬果和草本植物生长（图2-2）。区域内山腰腹地林木覆盖率较高，海拔相对较高的丘陵地区和采矿区人为破坏植被的情况较为严重，以草本地被为主，偶有孤植乔木。

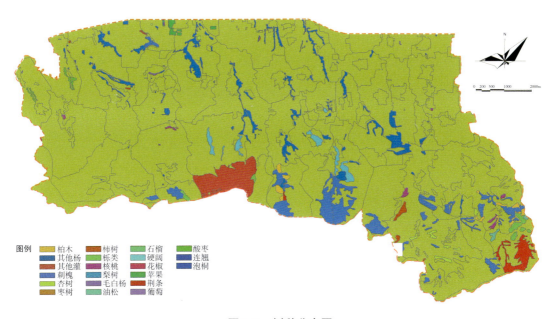

图2-2 树种分布图

诸葛镇区域内因采矿工业的发展，人均收入较高，但植被砍伐最为严重，西部和北部地区有多处采石区，局部山体林木几近被伐空。区域范围内主要植物种类有杨树、泡桐、酸枣、核桃（盛产）、柿树、刺槐、毛白杨、苹果、花椒（初产）、杏树（盛产）等。

李村镇区域内整体植被资源保存完好，除南部局部地段有部分荒地生长草本植物外，全区均由农田和林地覆盖。区域内主要有杨树、苹果（盛产）、杏树（盛产）、石榴（初产）、柏木、荆条、连翘、枣树等树种。

寇店镇区域内南北植被差异较大，北部台原地带被多种农作物、防护林、经济林、生态林覆盖，但南部高丘陵地区大部分已成荒地或草地，岩石裸露。区域内主要有葡萄、泡桐、杨树、杏树（盛产）、核桃、苹果（盛产）、柿树（盛产）、刺槐、柏木、栎树、油松、荆条等等。

5. 水系

万安山山体呈东西走向，区域内峰谷交错的地形使山坡被雨洪冲切出数条山沟，形成多条季节性河流和汇水面。在雨量充沛的季节，山体自然植被生长茂盛的山沟形成潺潺溪流，溪内有鱼、虾、螃蟹等生物，构成良好的生态系统。此外山上有泉，水量随季节变化，对季节性河流有补给作用。

6. 动物资源

万安山是野生动物的理想栖息之地，长年生长有雉鸡、刺猬、狐狸、鹊、杜鹃、猫头鹰等飞禽走兽。

7. 矿产资源

万安山现已探明的矿藏资源主要有煤炭、铝矾土、石英石、石灰石、钾长石、钠长石、铁矿、白云岩、花岗岩等20多个品种。原煤储量达7亿吨，铝矾土储量3500多万吨，花岗岩6亿m^3。牡丹石是万安山独有的稀世石料，在区内有一定的储量，经过工匠的精雕细琢，制成形态各异、栩栩如生的牡丹奇石和牡丹工艺品。其中寇店镇素有"牡丹石之乡"的美誉。

2.1.2 人文资源

1. 规划前用地

区域内的原用地类型主要以耕地、林地、草地、交通运输用地、水域及水利设施用地、城镇村及工矿用地为主（表2-1，图2-3）。

表2-1 土地利用情况表

名称	占地面积（km²）	比例（%）
耕地	82.95	71.08
林地	5.93	5.08
草地	16.08	13.78
交通运输用地	0.89	0.76
水域及水利设施用地	2.16	1.85
城镇村及工矿用地	8.69	7.45
总计	116.70	100.00

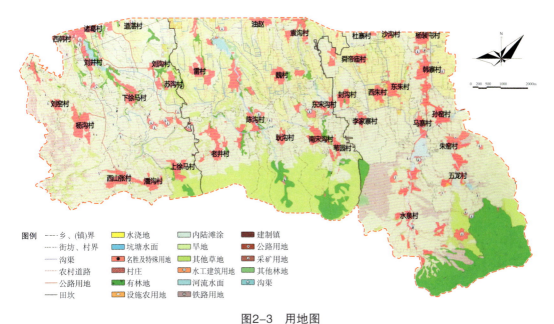

图2-3 用地图

注：规划为2011年编制，图纸当时采用的是土地利用现状分类标准（GBT21010-2007）

（1）耕地

区内耕地分为旱地和水浇地两种（图2-4），总面积为82.95km², 占总用地面积的71.08%。土壤肥沃，适合农作物生长。

图2-4 耕地实景图

（2）林地

林地总面积为5.93km²，占总用地面积的5.08%，包括有林地和其他林地（图2-5、图2-6）。有林地主要存在于部分村庄、河流周围，在丘陵和山体也有分布。其他林地种植面积较小，分布较散，主要在酒流沟水库东侧和部分草地、林地周围。

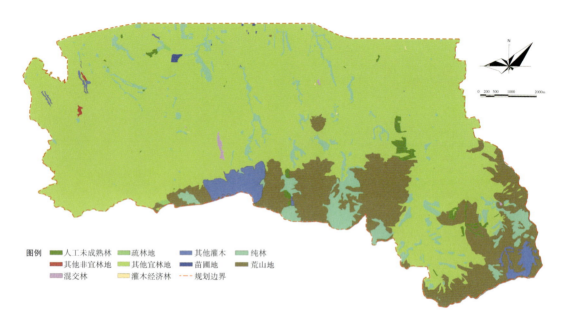

图2-5 林地类型图

图2-6 林地实景图

（3）草地

草地包括天然牧草地和其他草地两种，总面积为16.08km²，占总用地面积的13.78%（图2-7）。

图2-7 草地实景图

（4）交通运输用地

交通运输用地主要为公路用地和农村道路，总面积为0.89km^2，占总用地面积的0.76%。公路用地又分为县道和乡道两种（图2-8、图2-9）。农村道路主要是村间和田间道路（图2-10、图2-11）。

图2-8 县道实景图

图2-9 乡道实景图

图2-10　村间道路实景图　　　　　图2-11　田间道路实景图

（5）水域及水利设施用地

水域及水利设施用地主要包括河流水面、水库水面、内陆滩涂和沟渠，总面积为2.16km²，占总用地面积的1.85%（图2-12）。

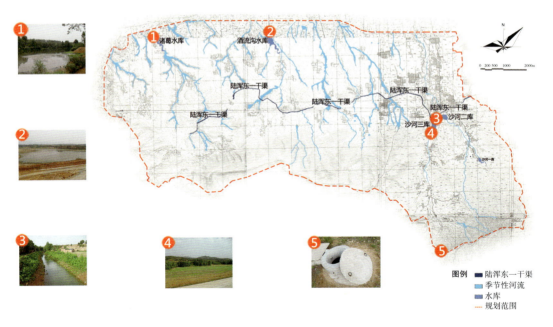

图2-12　水域及水利设施分布图

（6）城镇村及工矿用地

城镇村及工矿用地总面积为8.69km²，占总用地面积的7.45%，主要包括区内的村庄、采矿用地和风景名胜及特殊用地。

村庄包括规划范围内的各个行政村和自然村用地，总面积6.82km²。

采矿用地总面积1.85km²，主要分布在诸葛镇，并存在破坏严重的采空区。李村镇和寇店镇的采矿用地则呈少量点状分布。

风景名胜及特殊用地占地总面积0.02km²，主要包括现状部分宗教、历史和文化遗迹，如白龙潭、朝阳洞、磨针宫、祖师庙、水泉石窟，占地面积较少，且分散分布（图2-13～图2-19）。

图2-13 白龙潭及周边环境实景图

图2-14　朝阳洞实景图

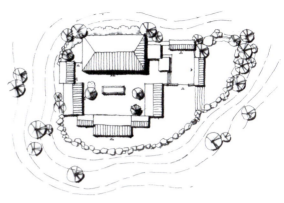

图2-15　朝阳洞建筑环境平面图
图2-16　祖师庙建筑环境平面图
图2-17　磨针宫实景图

图2-18 祖师庙实景图

图2-19 水泉石窟实景图

2. 村庄

万安山北坡区域内包含诸葛镇南部（11个行政村）、李村镇南部（10个行政村）和寇店镇南部（14个行政村），共计35个行政村的全部或部分土地，其中部分行政村还包含若干自然村（图2-20～图2-23）。

区内村庄经济主要以工业和农业为主。根据统计，各村庄人口及主要产业经济数据如图表所示（表2-2）。

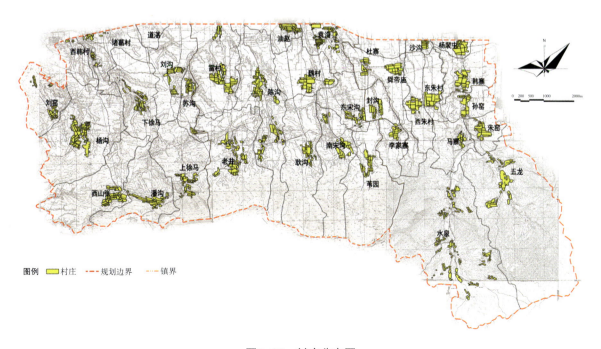

图2-20 村庄分布图

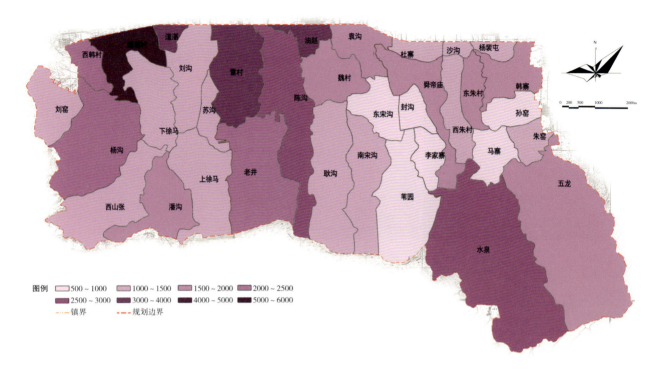

图2-21 村庄人口分布图

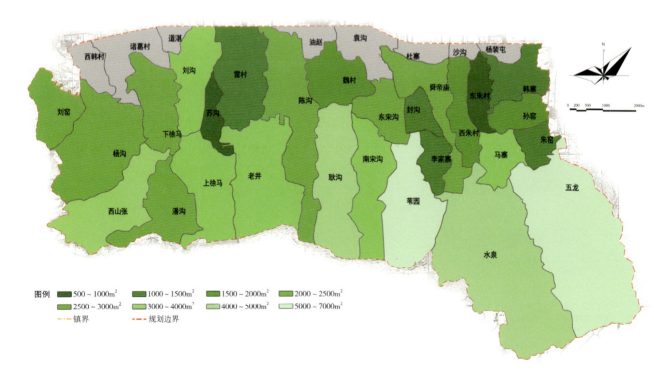

图2-22 村庄人均占地面积分析图

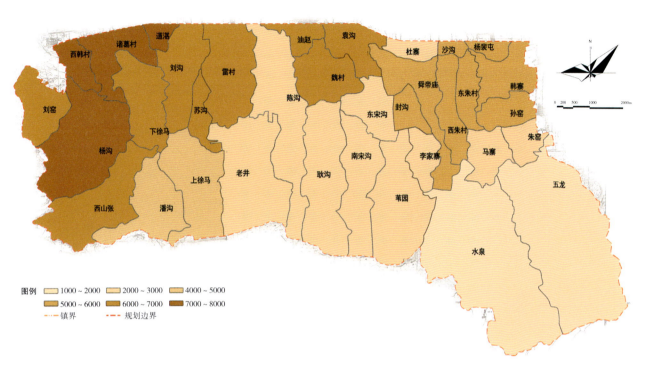

图2-23 村庄人均纯收入分析图

表2-2 各村庄人口及主要产业经济数据表

村名	人口（人）	农业总产值（万元）	工业总产值（万元）	农民人均纯收入（元）	备注
刘窑	1210	428	18972	6855	诸葛镇
杨沟	2742	1190	37780	7010	诸葛镇
西山张	1476	840	10740	6626	诸葛镇
潘沟	1544	450	12890	4828	诸葛镇
上徐马	1476	397	16883	4626	诸葛镇
下徐马	1409	400	14640	6200	诸葛镇
苏沟	1214	685	19075	6796	诸葛镇
刘沟	1060	560	17520	6815	诸葛镇
*诸葛	5415	1015	103585	7893	诸葛镇
*西韩	2407	415	40115	7761	诸葛镇
*道湛	3541	2060	47760	7885	诸葛镇
*油赵	3215	1083	3514	6107	李村镇

（续）

村名	人口（人）	农业总产值（万元）	工业总产值（万元）	农民人均纯收入（元）	备注
*袁沟	1636	510	4054	6717	李村镇
魏村	1839	476	3778	6411	李村镇
陈沟	2703	767	4074	2483	李村镇
雷村	3130	1917	5976	6175	李村镇
老井	2044	183	2059	2440	李村镇
耿沟	1046	480	2183	2443	李村镇
南宋沟	1234	1737	5958	2455	李村镇
东宋沟	833	204	2026	2436	李村镇
苇园	930	160	2205	2455	李村镇
水泉	2676	617	5585	1460	寇店镇
五龙	1876	514	4509	1450	寇店镇
朱窑	1183	511	5867	2470	寇店镇
马寨	595	444	4952	2410	寇店镇
孙窑	904	417	4050	5665	寇店镇
韩寨	1814	454	9324	5920	寇店镇
*杨裴屯	1410	450	5450	5630	寇店镇
*沙沟	1291	405	5042	5542	寇店镇
*杜寨	1324	474	4936	5776	寇店镇
封沟	900	351	2921	5701	寇店镇
李家寨	952	332	4443	2451	寇店镇
东朱	1529	408	4394	5704	寇店镇
西朱	1091	411	3519	5568	寇店镇
舜帝庙	1508	402	4525	5522	寇店镇

＊西韩、诸葛、道湛、油赵、袁沟、沙沟、杨裴屯和杜寨8个村的主体位于万安山北的新区拓展区中，不在本次研究的区域范围内。

相关数据结合实地调查走访可知：区域内村庄散布，发展不均衡，彼此之间缺乏联系。以陆浑水库东一干渠为界，山区村民人均纯收入较低，平原和丘陵地区村民人均纯收入较高；同时规划区内的农民人均纯收入由东南向西北呈现逐层升高的布局，这种差异的产生主要是工业发展、交通状况、水源补给能力等方面的不同所致。工业发达、交通条件较好、水源补给能力强的村庄，其经济实力较强。反之，则经济实力较弱。

三镇比较而言，诸葛镇片区村庄经济发展水平相对较高，但工业开发力度过大，生态环境破坏严重；李村镇片区内村庄历史人文气息浓厚，植被面貌较为优良，同时保留了多处人文景观资源；寇店镇片区内村庄有部分历史遗留，山体植被遭到大面积砍伐，需进一步开展保护性林木补植工作。

3. 建筑

区内很多传统村落中的建筑布局大都具有典型的豫西民居特点。村庄内建筑大多沿村庄主干道延伸，局部向两侧扩张，形成居住组团。部分村庄周边自然山水条件优良，村中还留存有明清时代的建筑形态，其建筑格局、构造、风貌独特，有多进院落，可成为未来旅游发展的重要资源之一（图2-24、图2-25）。

图2-24　上徐马建筑院落图

图2-25 上徐马建筑风貌实景图

村庄内建筑质量差别较大，有传统民居和土窑之分。土窑大多已经废弃，少量留存下来的民窑作为村民饲养牲畜和贮藏食物、存放物品之用。传统民居主要有土石房、砖瓦房和砖混结构3种类型。砖混结构，多为两层及以上建筑，房龄较短，主体结构完好，建筑质量较好。砖瓦房建筑形式简单，结构较为完好，建筑质量一般。土坯房多为牲畜棚屋、废弃民房和临时搭建房屋，建筑质量差，破损较为严重（图2-26、图2-27）。

图2-26　土石房民居

图2-27　砖混房民居

区内有多处庙宇，规模不大，庙宇布局和建筑形式均随坡就势。从李村乡南宋沟（李村镇东边有土路直达）登山，山腰依次有白龙王庙、玉泉寺、朝阳洞、磨针宫等古建筑。山东坡稍陡，半坡处有自然山洞仙姑庵，山脚下为寇店乡水泉口村（路况甚好），古有名关大谷口。

4. 水利工程

（1）陆浑水库东一干渠

陆浑水库东一干渠是陆浑水库的分支，属于陆浑灌区四大干渠中的一支，自西南直入万安山腹地，横穿整个万安山北坡。干渠建设多为深挖隧洞和高填方工程，部分地段兴建

图2-28　陆浑水库东一干渠实景图

渡槽。干渠两侧地势坡向河道,坡度较小。渠内主要靠季节性供水,一年3~4次,多在夏秋天旱无雨时节,平时不放水,水质保持较好,驳岸多为自然泥土驳岸,偶在冲刷力较强的位置通过硬质驳岸加固,水深较浅(图2-28)。

(2)水库

区域内有诸葛水库、酒流沟水库、沙河一库、沙河二库和沙河三库共5座水库,均有防洪功能。除诸葛水库外,其他4座水库补水来源于自然降水和山体汇水。

诸葛水库:位于诸葛镇,水库的水源主要来自诸葛煤矿的洗矿用水,水质浑浊。水库坝体简陋,存在安全隐患,防洪功能弱;驳岸为自然式,现有水鸟栖息;规划前周边环境条件较差,污染主要源自采石、采矿、运矿的粉尘。

酒流沟水库:位于李村镇西南雷村境内,伊河一级支流酒流沟河上,水库控制流域面积14.5km^2,干流长度7km,干流比降1/60,设计标准50年一遇,校核标准300年一遇。水库总库容214万m^3,其中兴利库容132万m^3,设计灌溉面积2500亩*,水库下游保护范围涉及10个村庄、2万余人、3万亩耕地及顾龙公路和部分厂矿企业等,是一座以防洪、灌溉为主,兼顾水产养殖等综合利用的小型水库(图2-29)。

图2-29 酒流沟水库实景图

---

* 1亩≈666.7m^2。以下同。

沙河水库：区内共三座沙河水库，分别为沙河一库、沙河二库、沙河三库。现状沙河一库和沙河二库无水储藏，呈干涸状态。沙河三库是一座以防洪、灌溉为主兼顾水产养殖的小型水库，水库总库容为238m³，其兴利库容为144m³，库中现状已经干涸，坝底露出，呈现出绿油油的草地，风景优美（图2-30）。

图2-30 沙河三库实景图

5. 旅游资源

万安山旅游资源多样，类型丰富，区内以陆浑水库东一干渠为界，北侧主要为农耕景

图2-31 旅游资源分布图

观资源，南侧主要为山体、森林、草地等自然景观和历史遗留下来的道教、佛教及村落文化景观。万安山上庙宇众多，有行宫、白龙王庙、玉泉寺、朝阳洞、磨针宫、真武殿、安阳宫、荡魔观、盘古殿、老君殿、八卦楼等，规模虽不大但香火不断。水泉口北石窑村有著名的水泉石窟，窟内二主佛并立的结构在北魏造像中尚属罕见。其中较为优质的资源具备修整、改造或恢复的条件，可形成系统的旅游网络（图2-31）。

根据万安山旅游资源的特点将其分为以下8主类，20亚类（表2-3）。

表2-3 旅游资源分类表

主类	亚类	基本类型	旅游资源单体
A地文景观	AA综合自然旅游地	AAA山丘型旅游地	白龙潭景区、老君庙景区
	AB沉积与构造	ABF矿点矿脉与矿石积聚地	诸葛煤矿
	AC地质地貌过程形迹	ACC峰丛	小金顶
			老君山
		ACD石（土）林	磨针宫石景
		ACE奇特与象形山石	小金顶
B水域风光	BA河段	BAA观光游憩河段	季节性河流
C生物景观	CA树木	CAA林地	槐树林
		CAB丛树	野酸枣丛
		CAC独树	村庄中古木、金顶枣树
	CB草原与草地	CBA草地	山顶草地
		CBB疏林草地	白龙潭草地
	CC花卉地	CCA草场花卉地	老君庙草场
		CCB林间花卉地	野菊花、野苜蓿
	CD野生动物栖息地	CDB陆地动物栖息地	刺猬、鼬
		CDC鸟类栖息地	杜鹃、鹊、雉鸡、猫头鹰
D天象与气候景观	DA光现象	DAA日月星辰观察地	小金顶、老君山
	DB天气与气候现象	DBB避暑气候地	金顶师祖庙
		DBE物候景观	石林雪雾、云、日出、日落
E遗址遗迹	EB社会经济文化活动遗址遗迹	EBA历史事件发生地	上徐马
		EBC废弃寺庙	玉泉寺遗址（洛阳市文保单位），大谷关遗址（水泉村）（洛阳市文保单位）
		EBD废弃生产地	刘窑

（续）

主类	亚类	基本类型	旅游资源单体
F建筑与设施	FA综合人文旅游地	FAC宗教与祭祀活动场所	白龙潭、朝阳洞、磨针宫、祖师庙、老君山、行宫、白龙王庙、朝阳洞、磨针宫、真武殿、安阳宫、荡魔观、盘古殿、老君殿、八卦楼
		FAF建设工程与生产地	龙门诸葛煤矿
	FC景观建筑与附属型建筑	FCC楼阁	八卦楼
		FCD石窟	水泉石窟
		FCG摩崖字画	司马光摩崖题记（北宋石刻）
		FCH碑碣（林）	宋故赠中书令良僖李公（昭亮）神道碑（李村镇袁沟村）（省级文保单位）
	FD居住地与社区	FDA传统与乡土建筑	民窑
		FDB特色街巷	上徐马旧址
	FE归葬地	FEA陵区陵园	诸葛镇
	FF交通建筑	FFA桥	沿东一干渠
	FG水工建筑	FGA水库观光游憩区段	诸葛水库
			酒流沟水库
			沙河一库
			沙河二库
			沙河三库
		FGB水井	各民宅院落内外
		FGC运河与渠道段落	陆浑水库东一干渠
		FGD堤坝段落	各水库和干渠堤坝
G旅游商品	GA地方旅游商品	GAA菜品饮食	山野菜
		GAB农林畜产品与制品	松柏、柏树、洋槐树、槐树、金银花、柴胡、白芍、红花、山药、黄芪、白头翁、杜仲等上百种药材。
		GAE传统手工产品与工艺品	牡丹石
H人文活动	HA人事记录	HAA人物	曹丕、武则天、司马光等
		HAB事件	红色革命根据地
	HC民间习俗	HCB民间节庆	"三月三""六月二十""九月九"万安山庙会
		HCE宗教活动	佛教
			道教
		HCF庙会与民间集会	露天电影

2.1.3 资源价值

1. 美学价值

区内的林地、草地、岩石、水库、云雾、落日、野生动物栖息等汇聚了多种自然生态资源和社会人文资源，造就了景观多样性。连绵起伏的山峦和地方特色民居共同形成了独有的风景，宛如一幅幅朦胧的中国山水画，具有较高的美学价值。

2. 教育价值

区内地形以山体为主，其中蕴藏着丰富的自然资源，可作为生物、生态、自然、地理、地质、地貌、气象、水文、环保、林学等专业学生野外实习的教学基地，也可以作为国内外学生论文研究的选择地，还可作为野生动植物等专著图书、系列风光片和教育片的拍摄地，可以让人们了解自然、保护自然、感悟自然，增强保护自然的意识和责任感，从而提高人们对生态保护工作的理解和支持。

3. 人文价值

民俗文化和宗教传说等都是重要的非物质文化宝库。万安山地处洛阳主城区与周边县市的交界地带，独特的区位优势使其融合了多地丰富多彩的民俗和风土人情。白龙潭、朝阳洞、磨针宫、烟谷堆等地的神话传说和儒释道合一的宗教渊源，其中尤以道教文化为胜，为人们了解万安山历史、解析地方民俗民风提供了重要的佐证。在上徐马等村庄中有许多明清时代遗留下来的地方建筑，无论是空间布局还是建筑单体，都具有别具一格的乡土特色，是研究民间传统建筑文化、体验乡土风情的重要媒介。

4. 康养价值

万安山区域内的酒流沟水库、陆浑水库东一干渠、白龙潭等资源具有原生态、个性化、人文性的特点，景色秀丽、场地开阔、环境怡人，非常适宜观光旅游、休闲度假、康养体验等活动的开展，具备生态旅游、森林康养等潜在价值。

2.2 建设条件

2.2.1 资源禀赋优势明显

作为城郊空间，万安山的自然景观资源独树一帜，特别是李村和寇店镇境内，山、石、林、泉、水库等都有较高的生态吸引力，生态林业和农业发展具有一定的基础。作为以洛阳为中心的河洛文化的重要组成部分，万安山区域内有许多历史遗迹、名人足迹、神话故事和民间传说流传至今，遗址文化、石窟文化、佛道双修、古村落民居、民风民俗等，都已形成了万安山独特的文化基底。依托优越的资源禀赋，万安山未来的发展可实现山上养心、山下养生，山上历史、山下人文，山上体验、山下品味，山上观光、山下休闲的生态保护与利用整体模式，为形成万安山品牌和特色、实现产业融合发展奠定坚实的基础。

2.2.2 旅游开发潜力深厚

河南"旅游立省"战略的实施，洛阳市委、市政府确立的"历史文化之都、休闲度假之都"和国际性旅游城市的旅游发展定位，以及"千年帝都、牡丹花城、丝路起点、山水洛阳"的城市旅游主题等等，都从旅游发展大环境上为万安山的跨越式发展提供了机遇。在此契机下，万安山凭借紧邻洛阳城区的城郊地理区位优势，可积极开发以商务、节事、会议会展、休闲购物为主体的都市旅游产品，延长旅游产品链，提高旅游产品附加值，最终形成"生态旅游产品树立形象品牌，文化旅游产品提升品位，休闲度假产品创经济效益"的协调发展格局。

此外，万安山周边有龙门、关林、白马寺、偃师玄奘故里等以人文景观为主的景区，还有栾川重渡沟、嵩县白云山、新安县龙潭峡、洛宁县神灵寨等以自然景观为主的景区，以及隋唐洛阳城遗址、汉魏故城遗址、东汉陵墓南兆城等遗址保护和利用类的特色景区，未来万安山发挥旅游开发潜力，与其他各类景区一起融入大洛阳生态旅游圈，形成联动发展（图2-32）。

2.2.3 空间用地构成复杂

万安山范围内地形、地貌十分复杂，高程变化较大，森林、湿地等生态系统状况差异较大，村庄数量多、分布零散，道路系统不完整，历史遗迹散落于不同方位，这种空间用地条件对建设用地布局、内外交通组织、生态林业建设、市政基础工程设施的安排等均带来了诸多限制条件。此外整个区域北部与城市建成区一路之隔，而东一干渠又将区域内部切分为南北两部分，如此，城市景观与山体景观如何衔接过渡，城市、农田、森林和湿地等生态系统如何有机融合，空间布局能否实现功能合理、交通顺畅、景观适宜等等，都是未来建设面临的重大挑战。

2.2.4 生态安全问题严重

在进行系统保护与利用之前，万安山受到水资源匮乏和洪水的双重威胁。西部诸葛镇境内存在破坏较为严重的采空区，李村和寇店镇内也有少量采矿点，且多处开采活动仍在进行。受到长期的采煤、采石、伐木等影响，部分山体植被遭到较为严重的破坏，导致岩石裸露、土壤保水能力下降、季节性河流虽然较多，但水量不大、溪流枯竭，缺水成为未来生态建设中的最大限制因素，同时也造成了夏季面临洪水威胁的两难境地，严重影响生

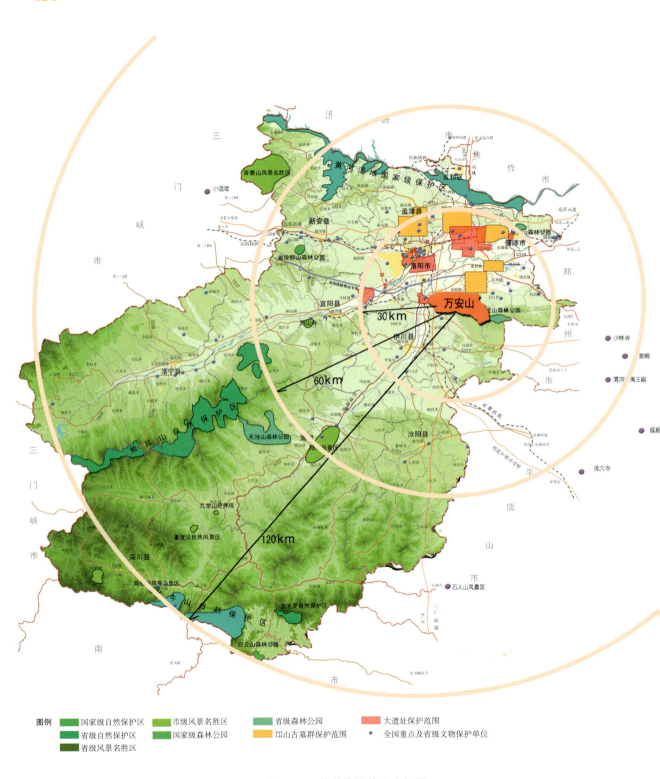

图2-32 旅游资源关系分析图

态系统的健康稳定和山体森林景观的良好效果。因此在万安山的各项保护中，加强山体保护、减少山体自然资源的破坏、提高土壤保水蓄水能力，在恢复山水林田湖草各个生态系统健康的基础上，构建健康稳定的生态安全格局，成为万安山在生态保护与利用过程中需要解决的重要问题。

2.3 发展定位

2.3.1 全国生态保护利用示范区

万安山位于中国中部、黄河中上游，属洛阳盆地的中部丘陵山地地带，对维护沿黄中心城市生态安全，落实黄河流域生态保护和高质量发展具有重要作用。万安山主山脉向东与嵩山山脉连为一体，向西与龙门石窟山地毗邻。作为洛阳市跨洛河南进发展的延伸地区，万安山是洛阳—偃师都市片区之间重要的生态纽带。此外，万安山生态系统类型丰富，生态文化载体众多，应以山水林田湖草生命共同体的理念为指导，整合资源，全面开展系统保护与修复，高质量推进生态系统治理，构建生态安全格局，推动城乡融合发展，使之成为全国名副其实的生态保护利用示范区。

2.3.2 中华源文化创新发展高地

在历史上，中原地区长期是我国的政治、经济中心，也是主流文化和主导文化的发源地。河南省有着深厚的物质文化和精神文化，是中原文化的核心所在。洛阳市是中华源文化—河洛文化的主要发祥地、国家级历史文化名城、中国优秀旅游城市，文化积淀丰厚。万安山根植于河洛文化与嵩山中原古文化发祥之腹地，必将以其悠久的历史、丰富的典故、清奇的传说和厚重的遗迹，在新时代的文化浪潮中产生新的价值，从而成为中华源文化创新发展的新高地。

2.3.3 河南特色生态产业集群地

万安山融合了"一二三产"发展潜力，通过利用现有资源改造升级农林业、保留和休闲化改造特色村落、结合多处宗教以及当地中医药文化打造非遗文化和传统工艺等特色产业基地、积极发展森林康养及山地运动等健康产业、融入智慧化管理模式等途径，切实落实中央关于绿水青山就是金山银山的发展理念，为人们展示一幅人与环境良性互动、人与自然和谐发展的美好愿景，把万安山打造成河南省内知名的特色生态产业集群地，成为带动地方经济发展的有力保障。

2.3.4 大中原知名生态旅游胜地

郑汴洛（郑州、开封、洛阳）是中原城市群的核心都市区，万安山是郑汴洛都市区的重要生态支撑点，拥有山水林田湖草丰富的生态系统，也拥有光彩夺目的文化遗产，可以说万安山具有独具魅力的生态旅游资源。未来借助周边大量的城镇化人口和用地，通过生态旅游项目、接待设施、人文景观资源、城镇产业集群和综合服务设施等的复合开发，大力发展万安山生态旅游典范模式，将万安山打造成为中原地区知名的生态旅游胜地。

2.4 生态保护与利用的体系与内容

从基础条件与发展定位综合分析，万安山的可持续发展与其生态条件息息相关。现状生态环境自身的脆弱和保护修复瓶颈，未来产业的发展和潜能发挥，都需要围绕"生态保护与利用"这个主题展开科学谋划和系统布局。

2.4.1 研究体系

万安山北坡划入洛阳管辖范围的10年间，其生态保护与利用是一个自上而下持续推进的过程，可以从宏观、中观、微观3个层面进行研究和探索。

1. 宏观层面

宏观层面的顶层设计是生态保护与利用工作开展的基础。《洛阳新区万安山生态保护与利用规划》是本次研究的宏观成果，它是在较大尺度的区域范围内，系统整合生产、生活和生态空间，对林业、农业、水利、城镇村建设等多个方面进行布局与调控，全面梳理保护与利用在时间和空间上的联系，实施生态保护统一设置、分级管理、分区管控，统揽协调各项系统工程的发展思路与方向，具有整体性、完整性、引导性。

2. 中观层面

中观层面的生态保护与利用，是在顶层设计的基础上，因地制宜的针对特定的空间区域，或特定的生态系统，或区域存在的突出矛盾与问题，展开生态格局的细化梳理，重点针对占国土面积较大的森林、湿地和农田等生态系统开展专项规划与设计，促进自然资源的生态保护修复和集约开发利用。针对万安山山体生态脆弱的严峻形势，开展了《洛阳万安山山体植被恢复设计》，落实了宏观规划中对"生态先行"的具体要求。

3. 微观层面

微观层面的生态保护与利用实践，是充分结合居住、生产、娱乐等人类活动与小尺度环境的相互作用关系，将生态景观、活动场地和基础设施的空间形态具体化，使区域环境的生态效益、经济效益和社会效益充分释放，形成小尺度格局下生态共享的过程。它是人与环境和谐共生的具体体现，是生态建设成果的利用与转化，是生态园林规划设计的重要切入点，同时它也是推动实现宏观和中观生态目标的具体途径。洛阳万安山山顶公园的落成即是由生态保护到合理利用、最终实现"生态惠民"的成功案例。

2.4.2　研究内容

生态保护与生态利用彼此之间相互影响、互为因果，其对象包括自然资源和人文资源。万安山的生态利用必须在生态保护的前提和建设成效的基础上展开，保护和改善生态是生态再利用的必要条件。同时生态的合理、有序利用，也可以促进生态资源的保护，唤起人类保护自然、维护生态健康的意识和行动。

1. 生态保护

生态保护的内容包括对自然资源和人文资源的保护、修复和规避防范危害等方面。依据万安山区域的主导生态功能，保护的主体涉及森林、湿地等重要生态系统的保护、特殊的自然发展史遗迹的保护、人文遗迹和文化的保护、野生动植物及其栖息地环境的保护、生物多样性的保护等。

2. 生态利用

生态利用既包括对森林资源、水资源、矿产资源等自然资源适度有序的直接利用，也包括对自然空间展开因势利导的生产化、景观化改造，以延伸资源的利用链条，达到改善生态环境，为人类生产生活服务的目的。生态利用是破解经济社会高速发展引发人地矛盾问题的重要途径。

万安山区域规划

《新区万安山生态保护与利用规划》

3.1 缘起

从国家发展战略看，党的十七大把生态文明上升到国家战略高度；党的十八大把生态文明建设纳入中国特色社会主义事业总体布局，把生态保护与建设摆在更加突出位置；党的十九大提出了建设美丽中国的伟大目标……一路走来，无论是我国建设和谐社会和可持续发展的新理念，还是河南建设林业生态省、中原城市群的政策导向，乃至洛阳市伊滨新区拓展区作为经济结构调整的试验区和现代先进产业集聚区的规划，生态的可持续发展都是新时代的主旋律，都亟需重要、完整的生态载体作为支撑。万安山作为洛阳南部重要的生态资源和自然风光承载地，其生态系统的保护、修复与利用全面符合了国家在城市、林业、农业、旅游、乡村振兴等多方面的政策，也将在国家、省市的战略部署中起到重要作用。

在诸葛、李村、寇店三镇全部划入伊滨区管辖范围之前的很长一段时间，整个万安山区域一直处于自然发展的状态，各种用地布局较为凌乱，除省市重大工程外，各项工程设施各镇为政，未进行统筹合理的规划布局。区划调整后，该区域处于洛阳伊滨新区拓展区的边缘，面临新区开发建设的种种冲击。为加强该区域的生态环境保护，系统梳理自然资源和文化遗产，合理进行旅游资源开发和土地综合利用，妥善处理区域内的村民生产、生活问题，亟待编制万安山生态保护和利用规划。

2011年6月初，洛阳新区管理委员会下发《洛阳新区万安山生态保护和利用规划》征集文件，明确了建设洛阳新区万安山生态保护和利用的重要意义和条件，确定了洛阳新区万安山生态保护和利用总体规划的战略目标与途径，划定了万安山规划区的空间范围，邀请国内4家著名规划设计机构共同参与竞标，经过相关领域30多位知名专家两次评审，最终确定国家林业局林产工业规划设计院（现更名为国家林业和草原局产业发展规划院）的方案为中标方案。

此后近两年的时间内，规划设计人员多次实地踏勘现场，与生态、水利、建筑、土地等学科专家反复沟通交流，多次汇报规划成果，最终形成了《洛阳万安山生态保护与利用规划》。

3.2 规划综述

3.2.1 规划主题

"**万**木争荣山水中，**安**居田园尘世外"。

取"万""安"二字领题，一方面表现万安山平原、丘陵、草地、森林、水域等自然资源数量之丰富，生态、民俗、历史文化底蕴之深厚；另一方面展现了在一系列生态保护修复工程的带动下，万安山及其周边地区人居环境质量大幅提高、人地相融共生的和谐景象。

3.2.2 规划目标

1. 总体目标

通过生态保护，改善山体植被，提高生物多样性；通过村庄和基础设施建设，改善山区人民居住环境和生活水平；通过产业调整，增加村民收入；以生态保护为主导，以构建洛阳新区后花园为特色，保护万安山宗教文化建筑等历史遗存；合理利用各种景观和文化资源，统筹经济、社会、文化、生态可持续发展，构建具有国内吸引力、省内外著名的生态保护和利用示范区。

2. 生态环境发展目标

通过水土保持、植树造林、水源补给等措施，维护生态系统健康，促进生态系统的物质与能量循环，使生物种类向更加多样化的方向不断演替。

3. 生态旅游发展目标

通过对万安山自然、人文资源的深入挖掘和生态建设成果的展示，开展生态观光、旅游度假、运动游憩、教育科普等类型的旅游活动，将规划区建设成著名的城郊森林公园、郑汴洛知名的生态旅游胜地。

4. 社会发展目标

通过对生态环境的修复建设，以及生态化的农林综合开发，提高土地产出效率，减少污染排放，提高资源利用效率，发展生态旅游，提高农民收入，使万安山规划区成为新时代经济社会发展和生态环境保护协同共进的生态文明建设典范。

3.3 规划成果

3.3.1 规划布局及分区

1. 布局结构

从生态保护和利用的角度，将用地规划布局结构总结为（图3-1）：

"一轴延伸、三片联动、四线并进、多点绽放"。

"一轴延伸"——指将洛阳新区的中央轴带水系以景观视线引导的方式进行延伸，通过多个景观节点的设置，形成以水系轴线上制高点"紫阁晴岚"景点为终点的景观视轴。

"三片联动"——指以生态保护、恢复利用、区域风貌展示为功能、彼此渗透联动的3个主要功能分区，即：农田生态系统保护区、农林文化产业展示区、林业生态游览休闲区。

"四线并进"——指由北向南，根据景观特征和功能不同而形成的城市景观缓冲带、村落文化体验带、水体生态观光带和山脊景观游憩带。

"多点绽放"——指由万安山新八景、风景名胜古迹、生态示范园、户外活动场地、休闲娱乐度假村等辐射整个规划区的多样化特色景观和功能节点（图3-2）。

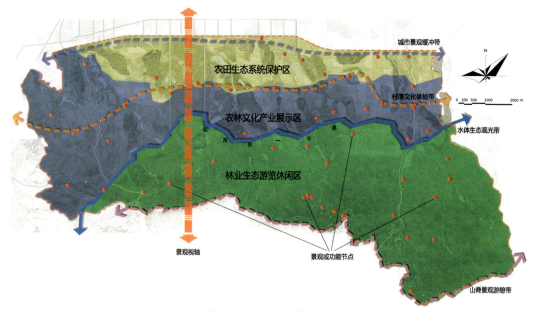

图3-1 规划布局结构图

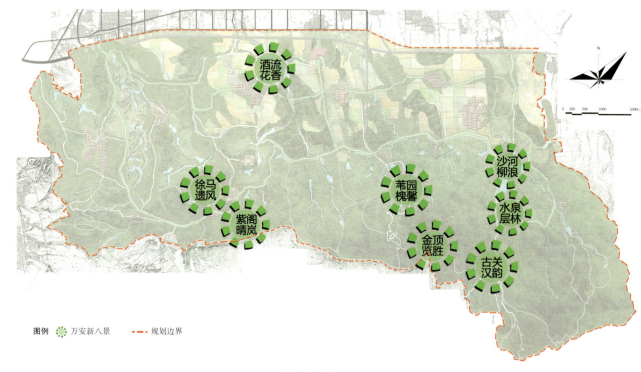

图3-2 万安山新八景图

2. 功能分区

根据区域资源条件，兼顾万安山生态保护与利用的建设需要，将万安山生态保护与利用规划区分成3个功能区，分别为农田生态系统保护区、农林文化产业展示区、林业生态恢复利用区。

（1）农田生态系统保护区

农田生态系统保护区位于规划区北部，北邻新区南环路，南以规划区最北部主干道为界，主要包括雷村、魏村、舜帝庙村等综合服务基地的部分农庄、观光果园以及酒流沟水库等。

本区范围与城市南环线相接，地势平坦，现状大部分为农田，最北部有郑洛第三高速通过，存在粉尘、噪声等城市污染问题，局部地区有煤矿采空区，存在一定安全隐患。

依据本区所在的区域位置和资源条件，规划采用环境保护和城乡文化对接等手段，以农业生态系统保护、水体生态恢复为主要目标，开展生态示范种植园、葡萄庄园、特色苗木基地、科技示范园、特色养殖园、观光采摘园等特色建设内容，并建设酒流沟水库度假村和水景公园，形成具有生产、观光、休闲、体验、度假等功能，融农田保护、水体保护、工业遗迹利用、科普教育等于一体的农田生态系统保护片区，最终达到生态效益、经济效益和社会效益有机统一。

（2）农林文化产业展示区

农林文化产业展示区位于农田生态系统保护区以南、东一干渠以北，西部开阔，东部呈狭长状。

本区地形上仍属于台原地带，灌溉水由东一干渠补给。东部水资源较为充足、农业景观壮丽、林木相对繁茂，但林下资源利用不足，农业经济发展深度不够，未能形成特色农业产业链。西部有采矿、采石工业遗迹，且山体破坏较为严重，若经过整治，仍然具备观赏游览和开展户外活动的条件。

结合现状相对成熟的粮食作物基地、果园，补充发展林业产业，使农林产业充分结合，发掘农业生产过程中的特色文化，并依据现状水资源、农业资源、林业资源、村庄资源等较有利条件，在西部规划拓展训练营地、野生动物园，形成农林一体化的新型户外游憩场所。

（3）林业生态游览休闲区

林业生态游览休闲区位于整体规划区内东一干渠以南的广大地区。区域内地势复杂，从台原到丘陵直至山地，相对高差较大，区域范围内"山、林、水、村"的风貌结构鲜明，自然本底条件优越，植被茂盛，野生动物种类丰富，是整个规划区内受工业影响破坏最少的片区。

西部诸葛镇域内现存有依山而建、较完整的洛阳民居，"枯藤老树昏鸦，小桥流水人家"

的民俗风情保存完好，以上徐马最具代表性：村庄内的布局结构、建筑风格，以及流传已久的村镇口传文化，体现出深厚的地方历史文化底蕴。但人口老龄化、设施落后、村庄扩张等因素致使多处有保留价值的民居遭到废弃、得不到保护，甚至拆除，新村建设缺乏地方特色，对其历史文化资源挖掘的深度较浅并缺乏系统梳理，因此未能走出一条特色发展之路，经济相对落后。

中部李村镇域内白龙潭、玉泉寺遗址、司马光摩崖题记、朝阳洞、磨针宫、祖师庙等体现民间风俗传统、宗教信仰的传统遗迹组成的景观序列构成了一条自发形成的旅游线路，使这里成为区域内人文景观最为丰富和集中的地区。但原有很多建筑较为破败，且道路导向性较差，景点之间没有形成有效的互动。

东部寇店镇域内自然环境较好，区域内留有水泉石窟、老君庙等历史遗迹和宗教景观，山坡处植被环境较好，但山顶林地退化趋势严重，植被有待恢复。

利用现状较为良好的自然环境、丰富的民俗文化资源，恢复山顶受损林地，结合山谷养生度假、生态观光、民俗文化等活动的开展，规划建设上徐马明清古村落、苇园民俗文化村、万安阁景区、白龙潭景区和西山张、老井、南宋沟低碳社区（度假村），使该区成为能为访客游览提供与众不同的文化体验和优美游览环境的综合文化休闲片区（图3-3、图3-4）。

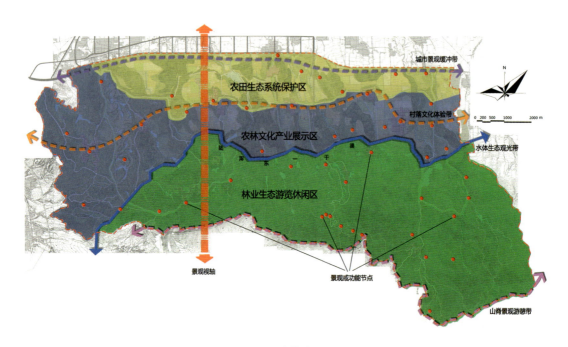

图3-3 功能分区图

3 万安山区域规划

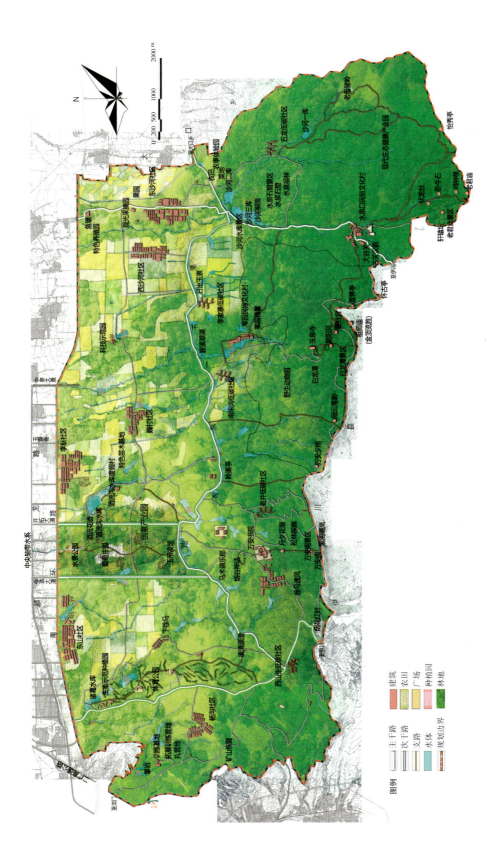

图3-4 规划总平面图

3.3.2 土地利用规划

1. 用地适宜性评价

在用地适宜性分类的基础上，从"水、绿、文、地、环"五大建设限制要素来考虑，并采用GIS分析技术最终确定建设用地适宜性分区范围。"水"要素包括河渠、水库、季节性河流的保护；"绿"要素包括生态绿化保护、村庄绿化隔离和农田保护；"文"要素包括文物保护、地质遗迹保护；"地"要素包括平原区工程地质条件、地震风险、水土流失与地质灾害防治；"环"要素则包括污染物集中处理处置设施防护，以及各种污染防护。综上五大要素，从土地利用的可持续性角度出发，综合考虑建设经济性、建设安全性、生态敏感性和生态保护等因素，确定万安山规划区范围内的用地是否符合规划建设的要求和适用程度。结合规划区的实际情况，地形特征是评价本规划片区的主要评价因素（表3-1、图3-5）。

表3-1 规划用地平衡表

用地性质		占地面积（km²）	比例（%）
编码	名称		
01	耕地	36.07	30.91
02	园地	4.32	3.70
03	林地	58.29	49.95
04	草地	2.11	5.23
10	交通运输用地	1.08	0.93
11	水域及水利设施用地	2.31	1.98
20	城镇村及工矿用地	8.52	7.30
总计		116.70	100.00

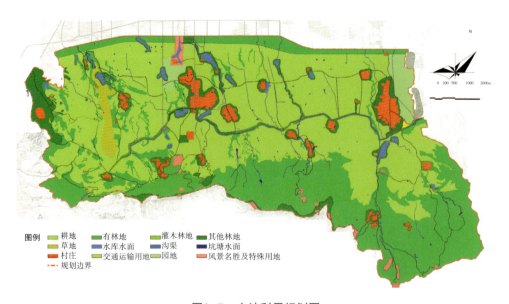

图3-5 土地利用规划图

2. 用地布局规划

（1）耕地

规划保留大部分旱地和水浇地农田，局部采取退耕还林措施，以涵养水源、恢复生态系统的良性循环。东一干渠以北的村庄由于要接纳来自山上其他村庄迁建而来的居民，因此需要扩建，但通过村庄人均建设用地的调整和村庄布局结构的完善，将使土地利用更加合理化，并通过有机农田知识的普及和引导，提高剩余耕地价值。

规划后耕地共计36.07km^2，占规划用地总面积的30.91%，分布在规划区北部，主要功能是供游览观光和村民自给所需。

（2）园地

规划在原有耕地中选择适宜果木生长的土地，建设果园，为农业观光采摘、特色农产品生产加工提供场所和原材料。规划园地面积为4.32km^2，占规划用地总面积的3.70%。

（3）林地

保留现有林地，结合由林业小班数据分析得出的GIS图片，规划同时采取3种措施增加林地面积：一是将现有草地分区分时进行林地恢复，主要集中在李村镇小金顶和寇店镇老君山山顶地区；二是对工业破坏严重的地区进行植树造林，涵养水源。原有工业地的林地恢复区主要在诸葛镇现有的各种煤矿和采石场基址上；三是退耕还林，主要集中在低丘陵地区和苔原地带。

规划后林地面积为58.29km^2，占总规划用地总面积的49.95%。

（4）草地

规划保留部分原有天然牧草地，以供畜牧业养殖之用。同时结合生态恢复和造景需要，增种其他草地，配植各种草本植物，呈现出特色景观。

规划后草地面积为6.11km^2，占总规划用地总面积的5.23%。

（5）交通运输用地

规划路网充分考虑山体走势，在尊重现有道路及其等级的基础上，对规划区交通系统进行深化，划分为主干道、次干道和支路3个等级。结合用地和功能的需求，在规划区范围内共设置30个公共停车场，分别位于：主入口（1个）、次入口（6个）、景区景点周围（23个），以满足规划区游览的需要。此外电瓶车换乘点主要位于规划区主出入口以及各个村庄和重要景点附近。自行车租赁点主要位于自行车游览观光线路旁边以及各个村庄的服务点中。

规划交通运输用地总面积为1.08km^2，占建设用地总面积的0.93%。

（6）水域及水利设施用地

规划保留汇水面原状，在东一干渠中择适宜地点设置水闸截流，供给酒流沟水库和诸葛水库蓄水，以便利用水库景观资源开展观光游览活动。规划水域及水利设施用地面积为2.31km²，占建设用地总面积的1.98%。

（7）城镇村及工矿用地

规划后城镇村及工矿用地共占地8.52km²，占规划用地总面积的7.30%。

①村庄

规划区内原有27个完整行政村，北部还涉及8个行政村的局部。由于西韩、诸葛、道湛、油赵、袁沟、杜寨、沙沟和杨裴屯8个村的人口和建设用地主体规划已经纳入万安山以北的新区总体规划中，所以本规划仅对27个完整行政村及其所包含的自然村进行整合迁建规划。27个行政村共有村民40918人，村平均人口1515人。规划区内村庄建设用地总面积6.82km²，故人均建设用地面积为166.67m²。按照《洛阳新区总体规划（2010—2020）》中对万安山片区人均建设用地面积130m²的标准，现有状况不但造成了土地资源的严重浪费，而且由于缺乏规划，致使村庄布局散乱，投入相对不足，基础设施、公共服务和居住环境较差。

《洛阳新区总体规划（2010—2020）》对万安山地区的村庄治理有两种方案，一是对原有村庄进行合并处理，二是保留原有村庄肌理。本次规划方案将上述两种方式相结合，以《洛阳市新区总体规划（2010—2020）》为指导，以"东一干渠以南的山上村庄人口向干渠以北山下村庄迁移、生存环境恶劣的村庄人口向发展条件优越的村庄转移、人口稀少的村庄人口就近整合、搬迁村庄大部分在本镇域内安置"为原则，对村庄人口及用地进行规划整合。规划后村庄用地总面积为3.84km²。

②采矿用地

规划将原存在于三镇范围内的采矿厂取缔，不再保留采矿用地类型，并采取两种方式对原采矿区进行整治。一是从保护角度出发，就地恢复植被及山体，重新构建良好的生态系统，采矿用地转化为其他生态用地类型；二是保护结合利用，将部分具有一定景观特征或教育意义的原采矿用地予以保留，发展旅游和户外活动，采矿用地转化为风景名胜及特殊用地。

③风景名胜及特殊用地

规划在生态保护的基础上，将万安山进行一定程度的旅游开发利用。对原有的历史文化遗迹、文物保护单位和特色村庄进行梳理和整治，形成风景名胜景点。同时利用村庄和矿区改造的时机，合理规划新的景观，适当增加风景名胜用地面积，以推动万安山旅游产业规划的实施。规划后风景名胜及特殊用地总面积为4.68km²。

3.3.3 林业工程规划

1. 规划布局

以建设规划区高标准生态林为目标，首先考虑生态防护效果，重点建设水土保持林、水源涵养林、农田防护林、植被恢复林，打造绿色廊道景观林，并结合区内自然条件、特色资源，以及洛阳市，乃至全省经济、社会需求，发展农林复合产业、速生丰产林产业及经济林产业。在规划布局上考虑以下几个方面：

原则上不占用基本农田用地，林业工程实施地点主要分布在基本农田以外；

规划区南面高海拔区着重进行生态林建设，充分发挥森林保持水土、涵养水源的功能，为低海拔区积蓄水源，保护洛阳市生态安全；

在广大基本农田区域内构建完善的农田林网，实现对农田的保护，降低粮食安全风险；

对水库、河流、干渠、道路等区域进行全面、系统的科学规划，结合农田景观本底，提升其绿色廊道景观水平，并打造几条主要特色景观廊道；

林业产业建设布局主要考虑各产业发展所需条件及发展目标，规划区北部适宜发展农林复合产业；在区内采伐迹地、荒山荒地、河流、干渠两岸等地，立地条件稍好的地区可发展速生丰产林产业和经济林特色产业，在产业区选址上应以尽量靠近工厂、道路为主，便于管理与运输，实现林工一体化、产供销一体化。

2. 林业生态工程规划（图3-6）

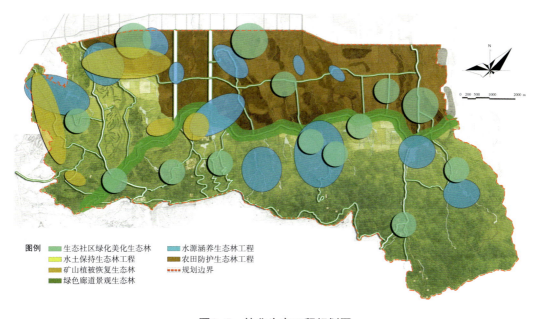

图3-6 林业生态工程规划图

（1）水土保持生态林工程

①建设区域：位于规划区南部，区内植被覆盖率低，地表侵蚀严重，水土流失严重，生态环境脆弱。

②建设目标：水土流失治理度达到90%以上，林草覆盖率提高到80%；地表径流比农耕地减少20%以上，土壤侵蚀量平均减少50%以上；有效遏制植被破坏、水土流失等现象，有效恢复生态脆弱区生境。

③规划内容

根据区内水土流失程度不同划定分区。

重点预防保护区：植被覆盖面积较大、水土流失较轻、具有水土流失加剧的潜在危险区域；

重点监督区：资源开发和基本建设集中、人为破坏新增水土流失严重的区域；

重点治理区：水土流失严重、集中连片、面积较大，对当地和下游造成严重危害的区域。

加强对林木采伐、造林、幼林抚育的管理，林木采伐方案中必须有采伐区水土保持措施并经林业行政主管部门批准；在5°以上山坡地整地造林、抚育幼林等必须采取水土保持措施，防止水土流失；在25°以上、面向水库20°以上陡坡地造林，禁止采用全坡面全垦方式整地，要设置水土保持植被带。

工程及保障：在沟头设置拦沙坝、蓄水设施以防止沟底下切，阻止上游泥沙下泄；干河、干渠两岸进行砌石护岸，并在两岸设置河岸保护区，严禁在区内进行开发建设活动；加强群众宣传及执法力度，禁止向干河、干渠倾倒砂石、废弃物，安排专人定期进行清除。

（2）农田防护生态林工程

①建设区域：规划区基本农田。

②建设目标：风速降低30%左右，增加空气湿度10%，春秋季增温1℃，夏季降温2～5℃，减轻雹灾、风灾、干热风等自然灾害对农作物的危害。

③规划内容

树种选择：选择树种要求根深、窄冠，不易风倒、风折、速生、干直，且具有较强抗寒、抗旱、抗病虫害能力。本区适宜杨树、柳树、悬铃木、刺槐、泡桐等树种为主，伴生树种可选择侧柏、紫穗槐等，并可尝试引入经济树种，构建多结构、多功能、多效益的综合型体系；

林带走向：林带由主带、副带组成，由于洛阳全年盛行东北风或西风，主带与主要风向垂直，应多为西南、南北走向，副带垂直于主带；主、副带以长方形或方形为主；

林带间距：主带距离为300m，副带距离为500m，林带高度15m左右，网格面积在300亩以内；

林带宽度：林带乔木行数一般在2行以上，宽度在4m以上；

考虑地形地物：与护路林、护岸林、环村林及成片造林相结合，减少用地，便于形成综合防护林体系，扩大防护作用；尽量做到林网、路网、水网"三网合一"。

（3）水源涵养生态林工程

①建设区域：规划区南端上游水库、河流及周边区域。

②建设目标：在水库周边造林，所有干河、干渠两侧进行植树，保护堤岸；有林地土壤含水量高出无林地5%，土壤入渗率、枯落物持水量均增大，构建具有良好林分结构和林下地被物层的人工林，水源涵养能力增强，逐步提高为下游农田的供水能力。

③规划内容

区内禁止开垦陡坡地，禁止在25°以上陡坡地和面向水库的20°以上陡坡地开垦种植农作物；开垦禁开坡度以下、5°以上的荒坡地必须经县级水行政主管部门批准。

护岸防蚀林带构建：以水体为中心，沿两岸近临水体的山坡山脊为界，根据土地利用、堤岸工程状况，因地制宜，带型配置护岸林。

造林方式：整地采用鱼鳞坑及水平沟方式；沟坡造林，在干沟坡不同部位，山顶、坡面、沟底造林；水源涵养林覆盖率必须在55%以上，且均匀分布；水库防护林采取多带式混交结构，垂直于水流方向配置。

树种配置以多树种、低密度、多层次的方式，力求形成混交、异龄、复层林；树种多选择冠幅较大、根系发达、萌蘖性强的树种；灌木选择耐阴性较强的树种；可适当选择一些经济林树种。

（4）矿山植被恢复造林工程

①建设区域：所有采石场、煤矿及废弃地植被破坏区。

②建设目标：通过人工造林手段改善规划区内植被退化生态系统土壤条件和植物种类，促进植被在短时期内得以恢复。

③规划内容

建立与生产规模相适应的"三废"处理和回收设施，防止破坏面积和程度进一步扩大；每年按照一定比例治理已经破坏的矿山植被，对岩石裸露较多、立地条件差的石质山地以营造灌木林为主，并进行适当封育。

植被恢复过程的主要技术类型采用土壤基质改良技术、地表土保存技术、土壤增肥改良技术和微生物修复技术。

树种选择：针对破坏区的极端生态条件，选择生长速度快、适应性强、抗逆性好的树种，可选用固氮树种、优良乡土树种和先锋树种，抗旱、抗污染、抗风沙、耐瘠薄、抗病虫害及具有较高经济价值的树种。

（5）绿色廊道景观生态林工程

①建设区域：陆浑水库东一干渠、道路两侧。

②建设目标：在注重生态保护的前提下，保留农业景观本底，实现规划区内河流、干渠、道路绿色廊道全部绿化，以提高绿化景观水平为目标，力求做到三季有花、四季常青。同时建设特色景观廊道若干。

③规划内容

树种选择：按照"落叶乔木、常绿乔木、花灌木、经济林乔木"的模式合理构建。可选择树种有龙柏、笔柏、美杨、雪松、水杉、圆柏、加杨、泡桐、法国梧桐、苦楝、榆树、乌桕、柳树、元宝枫、栾树、红叶李、枫树、刺槐、玫瑰、珍珠梅、连翘、迎春、龙爪槐、垂枝碧桃等。

河岸廊道两侧应以构建天然湿地为目标，净化水质；因地制宜选择挺水植物、浮水植物、沉水植物；选择耐水湿树种，如水杉、乌桕、枫杨、迎春等。

廊道宽度：以水土保持生态效益为主的河岸、干渠廊道宽度应以20～30m为宜；道路廊道宽度应按照道路等级划分，主干道中央宽3～8m，次干道中央宽应小于3m，一般道路栽植单行行道树，道路单侧宽度以5m为宜。

（6）生态社区绿化美化工程

①建设区域：村庄、低碳社区、度假村。

②建设目标：以改善生态环境为主题，以绿化、美化和生态安全为切入点，把植树造林与社会主义新农村的基础建设、环境改造和经济发展有机结合，大力开展植树造林，努力实现"村村绿""村村美"和"村村富"，为加快万安山经济社会发展提供良好的人居生态环境。

③规划内容

将生态社区入口、道路两侧、宅院、建筑山墙、无建筑物的滨水地区以及不宜建设地段作为绿化布置的重点。

保护和利用现有村庄良好的自然环境，特别要注意利用村庄外围和河道、山坡植被，提高村庄生态环境质量。保护村中的河、溪、塘等水面，发挥其防洪、排涝、生态景观等多种功能作用。

村庄绿化应以乔木为主，灌木为辅，植物品种宜选用具有地方特色、多样性、经济性、易生长、抗病害、生态效应好的品种，并提倡自由式布置。

3. 林相改造工程规划

采用点、线、面相结合的方式，力求将万安山规划区的四季林相打造出立体层级结构，凸显植物观赏性，重塑生态文明，体现多样文化景观，整体突出生态休闲空间特色。

（1）道路林相改造

充分运用本地乡土树种，通过科学合理的植物配置，对道路两边的带状绿地进行精心规划，满足道路的行车规律、视觉特性和生态功能。为人们提供优美、舒适、安全的外部环境，使驾车和乘车人有"人在车中坐，车在画中游"的美好体验，并形成生态、艺术的高品质景观。

通过对区内道路景观的现状分析，针对道路周边环境的不同，提出不同的林相改造方案。

①滨水道路林相改造

滨水道路包括干渠两侧道路和水库周边道路，这两种道路绿地要注重水体周边植物的观赏性，种植采用乔木和地被的组合形式，乔木可采用广玉兰、白玉兰、垂柳、合欢、白蜡等树种。为了形成良好的透景视线，离水体较近的区域中，大型乔木下只栽植地被和低矮灌木。

②邻山道路林相改造

邻山道路注重同山体景观的结合，对于绿化情况较好的山体，可在山脚下种植同山体植物搭配良好的花灌木。对于裸露岩石的山体，对山体进行复绿的同时要对其进行遮挡，绿地要种植一定厚度的常绿乔木，同时结合灌木、地被，对裸露的山体进行完全遮挡，例如诸葛煤矿地段、刘窑至李窑杨沟路段裸露的山体可以采用这样的方式进行改造。

③村边道路林相改造

村边道路林相应同村镇建设相结合，采用当地乡土树种，在达到一定宽度的绿地中设置休憩和小型的活动设施，满足当地村民的文化娱乐需求，同时在对沿路村庄民房进行建筑立面改造的同时，增添建筑转角处的植物搭配，软化建筑边界，使村庄建筑融入自然之中。对尚未整改的村庄，边缘种植大量的乔木背景林及常绿灌木，对村庄中影响景观的民房进行遮挡。

④其他地段道路林相改造

其他地段道路绿化应该在有限的绿地面积中，运用多层次结构的绿化手法，在可能的情况下，空间上形成乔木、灌木、地被植物的上、中、下3层覆盖，提高绿地的竖向绿视率，增加单位面积绿地中的叶面积指数，充分利用太阳能以及对空气质量的改善，提高群落内部的自我循环能力，减少养护工作量。同时借助植物、雕塑、山石、水体，构筑特征性的道路景观。

为了使道路景观绿带在改造初期就取得较良好的视觉效果，可采取密植的方式，乔木的种植间距为2.5~3m，灌木的种植间距为1~1.5m。

（2）干渠周边林相改造

对现有干渠驳岸进行梳理，形成特色不同的干渠景观。如"碧溪翠渠"位于溪流与干渠的交汇处，以垂柳为主，微风加上水波，形成柳浪渠；"日出玉泉"为湿地景观，所以在堤岸的两侧种植大量的宿根花卉、野生花卉和水生植物，成为百花渠；"玉带凌波"位于新区中央轴带水系延长线上，在兼顾各个轴线景观焦点的同时，也考虑到要具有一定的观赏效果，渠岸两边大量种植各色花卉，形成百花渠；"渠清源澄"，为了表现其渠水源头水体的清澈和环境的幽深，渠岸两边种植春季开花的迎春，打造迎春渠。

（3）水库驳岸林相改造

规划在现状季节性河流的河道上，选择适宜地点截水建坝，在山坡及山脚等地形成多处水库，同时对水库驳岸进行林相改造和植物调整，形成花影、树影、云影、水影交融的景象，利用水库周边较好的立地条件进行色相、形态、群落、层次、独特种类变化的林相改造，将多种树木组合构成连续的常绿、落叶、乔木、灌木、湿生、水生等相互渗透交织的植物群落，并营造色叶植物、观花植物等特色水库植物群落景观。主要选择的树种如下。

①乔木：垂柳、旱柳、水杉、杨树、悬铃木、槐树、三角枫、胡颓子、枫杨、白蜡、白榆、黄连木、栾树、构树；

②灌木：紫穗槐、碧桃、海棠、大叶黄杨、金叶女贞、紫叶小檗、洒金柏、火棘、月季、丁香、紫荆、榆叶梅、木槿、紫薇、竹等；

③藤本：蔷薇、紫藤、扶芳藤、五叶地锦；

④草本及地被植物：高羊茅、黑麦草、白三叶、结缕草、北五味子、大花金鸡菊、狗牙根草等。

（4）景点林相优化改造

万安山规划区未来需要进行景点优化的景点分为两种类型，一种为有待于完善的景点，如祖师庙、老君庙、朝阳洞、磨针宫等，这些景点已经初具规模，可通过植物优化提升其景观形象。另一种为还未开发但是极具资源优势的景点，如万安山新八景、水景公园、烟谷神话等。对于这些景点，通过合理的植物配置，力求各具特色，达到强化人文景观的效果，使绿化与人文景观融为一体。在这些景点中，还有一些极具历史渊源和宗教色彩的景点，应对其进行深入解析，凸显植物景观的文化特色。

①寺庙宫观

如祖师庙、老君庙等景点附近补植松柏（圆柏、白皮松、华山松、侧柏）、七叶树等植物，既烘托了庙宇的宗教氛围，也增加了庙宇环境的季相色彩。规划在包括朝阳洞在内的建筑群周边增种银杏，形成"深山藏古寺"的意境，并在环境中种植竹子以增加文化气息。

②历史传说景点

烟谷神话——现状烟谷堆（另外还有禹宿谷堆）的规划以"二郎担山赶太阳"中途休憩的故事为主线，表现的是万安山乃人间佳境的传说文化主题，植物在规划过程中除了注重山体的林相季节性变化外，还应融入植物的文化属性。景点周边可大量种植表示富贵、安康的树种，如玉兰、槐树（民间俗谚有："门前一棵槐，不是招宝，就是进财"，视槐树为吉祥树种）等。

谷关汉韵——原有历史遗迹大谷关，是历代兵争将夺的古战场。为了体现壮士英勇杀敌、保家卫国的民族精神，宜种植具有纪念意义的侧柏、高大乔木以及竹子和花灌木等，花灌木的颜色以红色和白色为主，可选用山红王子锦带、野菊、绣线菊等植物。

徐马遗风——位于上徐马，此处在近代曾是红色革命精神的重要传播阵地。规划结合村庄周边的特色进行林相改造，在村边及村中选择红花、红叶、红果、红枝的植物营造红色气氛，栽植红花碧桃、樱花、海棠营造春季的红花，种植红枫、红叶李、红叶石楠营造变化的红叶，种植南天竺、红瑞木营造红果、红枝。

石林雪霁——是洛阳八景之一，主要体现冬天的雪景，以常绿树种为主，可栽植侧柏、女贞、黄栌等，以期同周边色彩斑斓的山体景观环境有所区别，突出特定景观意境。

（5）村庄林相优化改造

整合后的村庄是规划区内重要的节点空间。为体现村庄肌理，增强不同村庄的可识别性，规划对村庄周边环境进行特色化梳理，根据规划区内不同地区的土壤条件和树种分布情况，在每个村庄周围，利用区域原有林木优势，大面积种植特色树种，形成各个村庄周围独特的林带景观，通过形、干、叶、花、果在不同季节的变化形成村庄不同的景观特色，增加游览乐趣，体现村庄文化。同时大面积林带的栽植也可以对村庄起到防护隔离的作用。

规划后，村庄林相体现为桃树林、杏树林、槐树林、核桃林、苹果林、栎树林、白杨林、梨树林、枣树林、松柏林等一村一林的景观特征（图3-7）。

桃树林——位于下徐马村周边区域。结合下徐马村周边的地形地貌，选择的桃树品种多样以丰富花色和延长花期，打造室外桃花源的恬静优美的村庄风光。

杏树林——位于上徐马和水泉村周边区域。春季到来，杏树花色又红又白，胭脂万点，花繁姿娇，占尽春风，分外诱人。

槐树林——位于苇园村周边区域。村庄周围大量种植洋槐和红花槐，洋槐的香气和红花槐的浓艳色彩映衬出村庄的静谧与清新。

核桃林——位于杨沟、东朱村、五龙村周边区域。结合经济效益和药用价值种植大量核桃，在提高农民受益的同时，雄伟的树冠、洁白的树干、繁茂的枝叶又为村庄景观平添了丰富的园林效果。

苹果林——位于雷村周边区域。初秋季节，苹果花红白相间，漫山遍野。深秋时分，硕果累累，入画、入味、入香。

栎树林——位于魏村周边区域。对现有树种进行更替和补植，扩大现有栎树的种植面积，叶片在秋季落叶前变成红褐色，远处望去，村庄周围红红火火，烘托新的丰收景象。

白杨林——位于舜帝庙、老井村周边区域。白杨高大挺拔的身姿、宽大树叶营造的浓荫、随风而起的沙沙声，都为村庄增添了更多古朴的气息。

梨树林——位于西山张村周边区域。山坡谷地植梨树百亩，春花如雪，登高俯览，景观赏心悦目。

枣树林——位于南宋沟村周边区域。枣树枝叶细碎而疏朗，亭亭地立于池塘边。收获季节，林中绿黄的颜色中点缀着紫红，打造出朴素清丽而又妖娆多姿的乡村画卷。

松柏林——位于李家寨村周边区域。松柏寓意吉祥昌瑞，是长寿不朽的象征。利用柏树的成片种植，形成四季常青的景观特色。

图3-7 村庄特色景观规划图

4. 林业产业工程规划

（1）农林牧复合产业工程

农林牧复合产业效益包括防止水土流失、减少化肥和农药用量、改善农田小气候、保持景观格局协调性、提供一定量的木材、药材、油料、干果品、饲料及畜牧产品等，充分满足国民经济发展和人民群众生活需求。因此农林牧复合产业工程必须综合考虑经济、社会、生态效益的和谐统一。

林带可以改善生态环境条件，起到保土、保肥、保水的效果，使农业、林业、牧业相互促进、和谐统一。因此规划充分考虑小地形自然条件、气候条件、作物品种，选择最优的林带结构。可选择的树种包括毛白杨、泡桐、柳树、白蜡、紫穗槐等。具体建设模式包括农桐间作、农枣间作、农柳间作、林药间作、林油间作、林姜间作、林牧复合等。

（2）速生丰产用材林建设工程

在采伐迹地、荒山荒地、退耕地、滩区滩地、沟路渠及河流两岸保护地等地开展速生丰产用材林建设工程。充分考虑树种自身生物生态学特征，营造以纸浆林、板材林为主的速生丰产林。

建立速生丰产林原料基地——企业联合模式，与相关利用企业联合，如洛阳人造板厂，确定其生产规模，从而确定基地建设规模及培育方案，降低市场风险。

规划区内土壤以褐土为主，质地以壤土为主，非常适宜杨树、泡桐的生长，新造林应结合规划区内现有杨树、泡桐人工林培育现状，建立以上两树种为主的速生丰产林体系，充分保证速生丰产林生态系统健康发展，确保实现森林综合效益。

（3）特色经济林基地建设工程

在非粮用地、荒山荒地、退耕地、滩区滩地、沟路渠及河流两岸保护地等开展经济林特色基地建设工程，并使经济林可与其他用途林混交，形成林、果混交林分。

规划区内原有9种经济林树种，其中枣、杏、柿、核桃、苹果约占90%。规划以这5个树种为主，充分挖掘规划区内现有经济林资源，在开发继承传统产品的同时，引进新技术，改进品质（包括脱毒苗培育、果树配方施肥、人工授粉、化控技术、病虫害综合防治技术及无公害果品生产技术等），加强深加工和精加工等综合利用技术的研究，创立自主品牌，提高市场竞争力。

鼓励加工企业采取"公司+基地+农户"的形式进行经济林运作，逐步建立龙头企业，从而引导产业更快、更好发展。此外，在经济林集中栽培区规划建立专业市场、批发市场、综合市场，逐步形成"山上建基地、山下建工厂、山外建市场"的格局，使经济林成为一项区域性支柱产业，为农民创收、增收提供新途径。

3.3.4 水利工程规划

1. 必要性分析

（1）缓解用水矛盾的需要

万安山规划区内一直以来水资源紧缺，东一干渠和酒流沟等水库的蓄水和灌溉能力无法满足当地经济发展需要。通过水利规划可增强蓄水能力，提高农林作物产量，缓解用水矛盾，改善水环境，为生态景观环境的营造提供充足的用水。

（2）区域防洪的需要

规划区南部为山体，高差达800m左右，山上水库数量有限，雨量丰富季节淤积严重，防洪能力弱。而干旱季节土地干涸，植被自然生长能力减弱，地貌景观单一。水利工程项目，可使水资源维持动态平衡，提高区域抗灾防洪的能力，保障人民生命、财产安全。

（3）促进区域经济发展的需要

万安山规划区内人口大部分是农民，生产生活条件相对较差，人均收入水平不高。水利工程的合理规划和施工，可解决该区农田灌溉问题，发展水产生产，为该区农业高产稳产提供可靠保证，为区内群众收入的增加奠定坚实的基础，同时大幅度增加防洪除涝面积、正常灌溉面积、补源灌溉新增面积，解决居民生活用水和人畜用水等问题，使当地的生产生活条件得到有力改善。水环境的有效改善，还能促进农、林、牧、副、渔和生态旅游等第三产业的发展，为本区域的经济发展提供可靠保证。

（4）改善生态环境的需要

万安山水利工程规划建设项目是一个综合开发利用的项目，强调突出北部平原地区及未来山地生态旅游区的特色，大力加强区域规划建设、水体的环境建设。基础工程实施运行后，将进一步调节干渠、库区及其周边环境小气候，改善生态环境，改善因水资源紧缺所引起的社会关系、人际关系，有利于缓解用水矛盾，改善水环境，为改善万安山规划区景观创造条件，为人们生活提供一个健康、舒适的环境。

2. 工程布置及主要构筑物

万安山规划区水利设施工程规划包括干渠工程、水库工程和堤岸工程三大类（图3-8）。

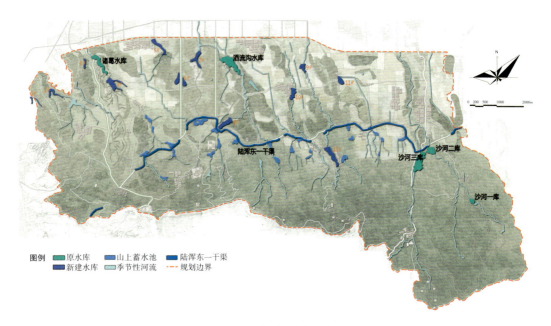

图3-8 水利工程规划图

（1）干渠工程

东一干渠两侧工程采取负面准入清单形式展开，不得建设任何与干渠水工程无关的项目，农业种植不得使用不符合国家有关农药安全使用和环保有关规定、标准的高毒和高残留农药。

在干渠两侧二级水源保护区内，不得从事以下活动：

新建、扩建污染较重的废水排污口，设置医疗废水排污口。

新建、扩建污染重的化工建设项目，新建、扩建电镀、皮革加工、造纸、印染、生物发酵、选矿、冶炼、炼焦、炼油和规模化禽畜养殖以及其他污染重的建设项目。

设置生活垃圾、医疗垃圾、工业危险废物等危险废物集中转运、堆放、填埋和焚烧设施，设置危险品转运和贮存设施，新建加油站及油库。

使用不符合国家有关农药安全使用和环保有关规定、标准的高毒和高残留农药。

将不符合国家《生活饮用水卫生标准》和有关规定的水人工直接回灌补给地下水。

建立墓地和掩埋动物尸体。

利用渗坑、渗井、裂隙、溶洞以及漫流等方式排放工业废水、医疗废水和其他有毒有害废水；将剧毒、持久性和放射性废物以及含有重金属废物等危险废物直接倾倒或埋入地下；已排放、倾倒和填埋的，按国家环保有关法律、法规的规定，在限期内进行治理。

不得安排大气污染物最大落地浓度位于总干渠范围内的建设项目。

穿越总干渠的桥梁，必须设有遗洒和泄漏收集设施，并采取交通事故带来的水质安全风险防范措施。

（2）水库工程

①诸葛煤矿水库修建工程

现状诸葛煤矿水库是洗矿水形成的污染水库，规划对造成水库污染的煤矿勒令关闭，截断污染源，通过对污染废水进行整治、对输水河道进行清淤、对库岸进行护堤处理等，"还污变清"，提高水体质量，重塑水岸湿地风貌。

②酒流沟水库扩容工程

酒流沟水库是目前规划区内条件较好的可利用水库，通过河道疏导增强其蓄水量，整治加固堤坝，并注重湿生环境的保护和恢复，打造高品质水生态环境。

③沙河水库扩容工程

现有沙河一库、沙河二库和沙河三库3座水库位于规划区内东部地区，目前库容量均较小，且由于规划区内土壤蓄水能力弱，季节性雨水匮乏，导致沙河水库常年处于干涸状态。未来规划在做好水土保持工作的同时，增强3座水库的蓄水能力，并结合水库开展未来的景观和旅游发展建设。

④新建水库工程

规划拟利用季节性降水的多处冲沟，建设大坝，截水蓄洪的同时，形成多处沟谷小型蓄水水库，并通过周边景观环境的营造，打造集蓄水、观景、休憩等功能于一体的综合利用水库景观。

新修建水库选址于丘陵或山体中规模较大的冲沟，设置多处拦水坝，使水库、溪流、瀑布等水体形式在山林中形成一定的变换节奏。这些水库上游水深较浅，水量较少，因此拟在规划水库上游采用阶梯式河床，在水少季节，堤坝之间的浅河床将成为湿地，增加生物多样性，强化水体自净能力，减少河床的沙化，改善景观；水库下游水量较多，易形成大面积景观水面，同样采用梯式河床，并沿堤修建滨水景观带，形成游憩湿地、疏林草地、林荫路、活动小广场、风景密林等一系列景观休闲场地。

（3）堤岸工程

为避免水库扩容对村庄用地的侵占，局部大堤采用陡坡工程砌筑护堤。规划采用阶梯状坡面，村堤之间加强绿化。

结合景点建设，局部将游憩堤岸外扩，形成堤与河道之间的亲水空间，便于游览；堤岸外侧结合土方量平衡，堆砌起伏地形，创造多种立地条件，营造丰富的绿地空间。在保障大堤水利功能的同时，形成堤内外浑然一体的游憩空间。

3.3.5 历史遗存保护规划

1. 保护原则

（1）全面保护原则

严格保护各级重点文物保护单位，保护未列入文物保护单位的有价值的遗址遗迹；保护文物和遗址遗迹的本体和周边山体、地形地貌、水体、植被等自然环境，最大限度减少对自然环境的破坏和历史遗存的扰动。

（2）最低干预原则

在对历史遗存的各种环境、建筑、文物原景保护和修复过程中，按照最低干预原则，尽可能尊重历史史实和自然演变规律，保留历史遗存的原真性、完整性和可识别性。

（3）特色延续原则

加强对建筑传统特色的保护和继承，同时注重保护历史风貌，严格控制新建建筑物或构筑物的风格、高度、体量、色调等。在整体格调统一的前提下，注意建筑群体、规划区环境与城市传统风貌的协调与整合，增强历史文化气息，因势利导，创造出富有特色的区域生态屏障。

2. 保护内容

规划范围内的各级重点文物保护单位及与万安山的历史文化相关的建筑物、构造物和山体地形、水体等自然景观空间，主要包括宋故赠中书令良僖李公（昭亮）神道碑、水泉石窟、上徐马明清古建筑村落、大谷关遗址以及与万安山神话传说故事相关的白龙潭、磨针宫、祖师庙、玉泉寺、白龙王庙、朝阳洞和烟谷堆、禹宿谷堆等具有神话传说的历史遗迹。

3. 保护措施

将历史遗存进行分类保护，对历史遗存本体实施最严格保护，对"环境遗存"如传说故事中的烟谷堆、禹宿谷堆等开展山体复绿工程。

提高保护和研究水平，加强文物保护，对文物本体及周边环境定期进行科学观测和保养维护，建立完善的观测体系并使其制度化和规范化。

在确保历史遗存安全及不影响历史风貌的前提下，可进行植被、步行道路、消防通道、必要的管线等基础设施的建设。

图3-9　历史遗存保护规划图

3.3.6　村庄整合规划

　　为便于村庄整合后的管理和村庄人口生活条件的有序改善，提高村民生活质量，村庄整合应依照以下方案展开（图3-10、图3-11）。

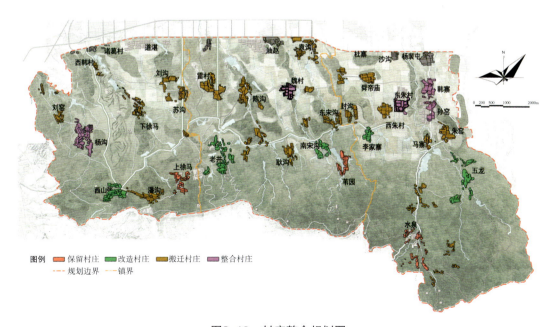

图3-10　村庄整合规划图

东一干渠以南的山上村庄人口向干渠以北的山下村庄迁移；

生存环境恶劣的村庄人口向发展条件优越的村庄转移；

人口稀少的村庄人口就近整合；

搬迁村庄大部分在本镇域内安置，部分村庄人口迁至规划区以外另外择址安置。

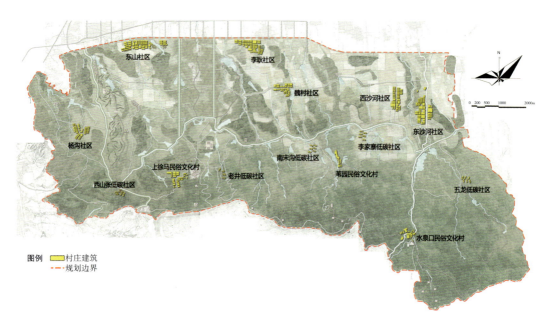

图3-11　整合后村庄分布图

1. 搬迁村庄规划

经过深入调研论证，决定将原有的27个行政村及其所辖自然村采取合并、异地迁建的方式，整合为3个民俗文化村（上徐马、苇园和水泉）、5个生态示范社区（西山张、老井、南宋沟、李家寨、五龙）和6个综合服务基地（杨沟、下徐马、雷村、魏村、舜帝庙、东朱村），共计14个行政村。行政撤销的村庄为：刘沟、苏沟、刘窑、潘沟、陈沟、东宋沟、耿沟、封沟、马寨、孙窑、朱窑、韩寨、封沟、西朱，其村庄人口均就近并入其他保留村庄。村庄整合后，东一干渠以南的村庄人口大部分转移到干渠以北的综合服务基地中，在各个民俗文化村和生态示范社区中，仅规划留守少量人口，以满足生态环境维护和旅游发展的需要（表3-2）。

表3-2　行政撤销村庄一览表

乡镇	撤销村庄	整合地	变更原因
诸葛	刘沟	规划区以外的洛阳新区	采空区可能造成塌陷
	苏沟	规划区以外的洛阳新区	距离采空区较近
	刘窑	杨沟综合服务基地	生态保护区，煤矿旧址
	潘沟	规划区以外的洛阳新区	整合土地

（续）

乡镇	撤销村庄	整合地	变更原因
李村	陈沟	规划区以外的洛阳新区	整合土地
	东宋沟	魏村综合服务基地	人口较少，向山下整合
	耿沟	南宋沟生态示范社区	伊南新区建设
寇店	马寨	东朱村综合服务基地	人口较少，就近整合
	孙窑	东朱村综合服务基地	人口较少，就近整合
	朱窑	东朱村综合服务基地	人口较少，就近整合
	韩寨	东朱村综合服务基地	就近整合
	封沟	舜帝庙综合服务基地	人口较少，向山下整合
	西朱	舜帝庙综合服务基地	向山下整合

上徐马、苇园和水泉3个民俗文化村，保持现有人口不变，仅对人均建设用地面积进行适当调整缩减，调整后剩余的建设用地，用于未来开发建设和旅游接待。

西山张、老井、南宋沟、李家寨和五龙5个生态示范社区现有人口全部搬迁至综合服务基地，选择建成区中的适宜地点建设新型的高端社区，各个社区人口控制在150～200人之间。其余的现有建设用地进行生态植被恢复，最终在原村庄用地上形成低碳环保、风景优美的高端生态示范社区。

杨沟、下徐马、雷村、魏村、舜帝庙和东朱6个综合服务基地，主要用来承载东一干渠以南的其他村庄搬迁的人口或为整个规划区的未来发展提供物质和人力资源。其中，下徐马村由于地处山坳，发展空间有限，且民俗民风及历史文化具有较为浓郁的特色，因此在此地保留其现有人口，适当承接其他村庄的搬迁人口，调整人均建设用地面积。雷村位于新区中央水系延长线建设区内，为保证中轴线景观效果，防止村庄无序发展造成的环境和景观破坏，故仅少量承接其他村庄的搬迁人口，并梳理村庄肌理，调整人均建设用地面积（表3-3、表3-4）。

表3-3 整合后村庄一览表

乡镇	村庄	性质	整合类型
诸葛	下徐马	综合服务基地	整合规划，承接搬迁人口，提供服务，保留特色建筑
	杨沟	综合服务基地	
	西山张	生态示范社区	搬迁人口，重新规划，建生态度假社区
	上徐马	民俗文化村	保留人口，保留明清建筑
李村	雷村	综合服务基地	整合规划，承接搬迁人口，提供服务
	魏村	综合服务基地	
	南宋沟	生态示范社区	搬迁人口，重新规划，建生态度假社区
	老井	生态示范社区	
	苇园	民俗文化村	保留人口，保留古迹，特色规划

（续）

乡镇	村庄	性质	整合类型
寇店	舜帝庙	综合服务基地	整合规划，承接搬迁人口，提供服务
	东朱	综合服务基地	
	李家寨	生态示范社区	搬迁人口，重新规划，建生态度假社区
	五龙	生态示范社区	
	水泉	民俗文化村	保留人口，保留古迹，特色规划

表3-4 整合后村庄人口及村庄用地面积一览表

乡镇	村名	现有人口（人）	现建设用地总面积（km²）	现人均建设用地面积 面积（m²）	现人均建设用地面积 评价	整合后人口（人）	整合后人均村庄建设用地面积（m²）	整合后村庄建设用地总面积（km²）
诸葛	刘窑	1210	0.13	107.44	适中	0	0	0
	杨沟	2742	0.52	189.64	过高	5428	130	0.71
	西山张	1476	0.33	223.58	过高	180	130	0.02
	潘沟	1544	0.24	155.44	过高	0	0	0
	上徐马	1476	0.24	162.60	过高	1476	110	0.16
	下徐马	1409	0.19	134.85	较高	1409	100	0.14
	苏沟	1214	0.13	107.08	适中	0	0	0
	刘沟	1060	0.18	169.81	过高	0	0	0
李村	魏村	1839	0.29	157.69	较高	4952	110	0.54
	陈沟	2703	0.46	170.18	过高	0	0	0
	雷村	3130	0.44	140.58	过高	3130	100	0.31
	老井	2044	0.35	171.23	过高	150	130	0.02
	耿沟	1046	0.20	191.20	过高	0	0	0
	南宋沟	1234	0.25	202.59	过高	180	130	0.02
	东宋沟	833	0.19	228.09	过高	0	0	0
	苇园	930	0.15	161.29	过高	930	110	0.10
寇店	水泉	2676	0.48	179.37	过高	2676	120	0.32
	五龙	1876	0.31	165.25	过高	200	130	0.03
	朱窑	1183	0.19	160.61	过高	0	0	0
	马寨	595	0.09	151.26	过高	0	0	0
	孙窑	904	0.16	176.99	过高	0	0	0
	韩寨	1814	0.25	137.82	适中	0	0	0
	封沟	900	0.21	233.33	过高	0	0	0
	李家寨	952	0.13	136.55	适中	150	130	0.02

（续）

乡镇	村名	现有人口（人）	现建设用地总面积（km²）	现人均建设用地面积		整合后人口（人）	整合后人均村庄建设用地面积（m²）	整合后村庄建设用地总面积（km²）
				面积（m²）	评价			
寇店	东朱	1529	0.25	158.82	过高	7901	110	0.87
	西朱	1091	0.18	164.99	过高	0	0	0
	舜帝庙	1508	0.28	185.68	过高	4451	130	0.58
总计		40918	6.82	166.67	过高	33213	112.50	3.84

通过村庄建设用地整理，可置换出村庄建设用地面积2.98km²，为未来的发展积蓄巨大的潜能和发展空间，将越来越紧张的用地形势转化为较为突出的发展优势。

2. 民俗文化村规划

拟将规划区内整合后的上徐马、苇园和水泉3村作为民俗文化村，展现万安山乡土文化和民俗风情。主要措施有以下几个方面。

保留村庄格局，并进行适当梳理，拆除部分危房和影响村落形象的杂乱房屋。提高村庄绿地率，形成绿林掩映的村貌景观。

加强村庄人文景观建设。对建筑形式、街道尺度、色彩等景观要素进行统一协调控制，并在绿地公园、村庄入口等重要节点增加景观构筑物，营造浓郁的历史文化氛围，提升村庄民俗文化品质。

深入挖掘传统乡村生活习惯、风俗，利用保留的民宅开展休闲旅游服务、民俗文化体验等活动，如民间手工作坊、农事体验园、特色民俗产品生产、乡村深度游、农家风情餐饮、住宿等，展现不同于城市景观、具有独特风韵的万安山乡村民俗文化与乡村生活。

3. 生态示范社区规划

生态示范社区规划在陆浑水库东一干渠南侧沿岸，分别为：西山张、老井、南宋沟、李家寨和五龙。

5个生态示范社区规划为洛阳市农业产业化结构调整的重点示范社区，通过重新规划使其成为集休闲、度假、旅游、餐饮、农业生态观光为一体的生态高端住宅社区。度假村本着科技环保、以人为本的原则，不使用矿物能源而以沼气、地热、太阳能、风能为主要能源，杜绝污水、农药、化肥、激素等公害，实现零排放，让客人享受清新自然、远离污染的高品质生活。这一环保、生态特色不仅是度假村的经营理念，而且也可以成为环保和科普教育的生动教材。

4. 综合服务基地建设

综合服务基地是村庄整合的重要组成部分。综合服务基地的作用主要是提供问询、餐饮、住宿、自行车租赁等旅游服务，形成具有万安山特色的服务基地。此次综合服务基地主要规划在陆浑水库东一干渠以北、接近城市、地势较为平坦、交通运输方便的地方，分别为下徐马、杨沟、雷村、魏村、舜帝庙、东朱，最终形成贯通整个规划区的综合服务网络。

综合服务基地中，除下徐马和雷村人口保持现状外，其他4个村要接纳整合后的其他村庄人口。

调整后下徐马村剩余的建设用地多为历史较为悠久的清代民居，可择其中较好的单体或组群，进行以旧修旧的恢复性建设，为未来旅游发展提供更多的物质和文化空间。

雷村经过人均建设用地调整后，将多出的建设用地配合新区中央水系延长线在规划区内的景观建设，结合农业技术生产和艺术创作，将其构建成为创意产业村，形成和谐健康的新型艺术农村风貌。

5. 村庄风貌建设

在生态保护、旅游发展和景观建设的背景下，加快改善万安山村庄风貌，从而树立万安山崭新的村庄形象。

（1）村庄格局保护

新农村建设与村庄经济发展有机结合，注重保护原有村落格局，保护乡土村落风情。

（2）技术指标控制

新建和整改建筑的建筑密度应控制在35%之内，容积率控制在0.8之内，建筑高度以2、3层为主，并注重建筑体量的控制，同时提高村庄绿地率，使建筑与周边田园、林地景观融为一体。

（3）建筑形态引导

建筑以传统民居形式为主，融入现代元素，并注重对现有建筑和有保留价值民居的改造利用。对现状建筑形式美观、具有地方特色且质量较好的房屋予以保留；对质量一般的房屋的正面外墙进行粉刷，统一色调，增强美感；对建筑质量差、建筑风格与环境格格不入、体量大的建筑予以拆除；新建和整改建筑应体现相应区域的风格和特色，其造型、材质和色彩均应与村庄原有建筑风格协调统一。

（4）村庄产业调整

增强村庄和景区的交通和旅游联系，村庄就近结合旅游项目开展休闲服务业活动，如农家乐、乡村风情餐饮等。

6. 村庄经济发展引导规划

（1）维护传统农业景观，有序引导农业生产

鼓励发展与区域生态相协调的生态农业，保护农业生态环境，控制周边居民的生活垃圾以及工业废弃物对农业的污染，进行有效的农耕污染管理。积极推进循环农业的发展，引导农业生产与区域整体大旅游相结合。

（2）增加农业生产科技含量，提高产出效率

发展高科技种植业，优化产品结构，推进发展高效生态农业、特色观赏农业，取代传统低效农业，提高土地产出效率，增加就业机会，避免当地居民对景区资源和土地的粗放式利用。

通过合理规划、科学引导，在保护的前提下，积极开发利用风景资源，完善旅游服务设施建设，大力发展规划区的旅游服务业。当地居民可以选择到企业就业或自主创业两种模式，为当地居民提供新的就业途径，减轻农业生产对规划区生态保护的压力。

（3）发挥村庄旅游服务基地功能，促进村庄建设

各新村作为规划区的旅游服务基地，应大力发展针对访客服务的宾馆饭店、餐饮娱乐等旅游服务业以及商贸业，通过加强管理，全面提高旅游服务水平，形成具有特色旅游风貌的旅游服务基地。

（4）完善经营管理机制，促进共同发展

完善规划区经营管理机制，使农民利益与资源保护和规划区经济发展相协调，调动农民积极性，例如采取农民以土地入股的方式参与风景区旅游开发与经营，促进共同发展。

3.3.7 景观风貌规划

景观风貌主要是由所在地域的自然、历史文化和当地人的社会经济活动所决定。万安山的

图3-12 景观结构规划图

景观风貌，不应仅仅是视觉"美"的，同时也必须是"健康"的和"有内涵"的。规划从点入手，通过改变地形、增加植物、烘托氛围等手法，突出各个景区的景观特色，再结合景点控制制高点和景观视廊，以此构建万安山环境优美的视觉景象，形成宜人优美的景观环境（图3-12）。

1. 轴线景观规划

（1）新区水系延长线景观规划

新区水系延长线是指规划结构中的南北向中轴线。通过水景公园、葡萄庄园、雷村掠影、秀色干渠、马术俱乐部、烟谷神话、万安书院、清烟小筑、紫阁晴岚等景点的拟对称布局，形成收放有度的景观空间序列，从而实现由城市中心景观向村庄、丘陵和山林景观的自然过渡，使城、村、自然与人的活动和感知有机地结合在一起（图3-13）。

图3-13　新区水系延长线景观规划图

①水景公园

水景公园是中央轴带水系向南延伸的终点，是中央轴带水系景观格局的进一步完善，通过蜿蜒的花溪林地与酒流沟水库相连，融入万安山规划区水系网络。水景公园同时服务于新区拓展区和万安山生态保护与利用规划区，是从城市到自然的过渡节点，兼顾二者的功能需求。公园分为动静二区，承接市区与生态田园区，并开展与之相应的活动，例如水景广场、儿童乐园、养生散步园等。公园中的水体形成湖泊、湿地、喷泉等形态多样、景观丰富的水景效果。

②葡萄庄园

葡萄庄园是万安山景区依托葡萄基地建设的集生态观光、休闲度假及参观葡萄酒制作工艺、葡萄酒品尝为一体的旅游景点。从葡萄观光采摘园放眼望去，绿海泛波，果熟期间姹紫嫣红，葡萄晶莹剔透，可以让访客领略到异彩纷呈的田园风光及采摘乐趣。在这里，访客可以参观葡萄酒生产过程，品尝新鲜美酒，体验寓教于乐的乐趣。

③雷村掠影

雷村位于洛阳中央轴带水系延长线辐射范围的东北部，交通便利，风光秀美，是周末郊游踏青、体验农田风光的理想去处。通过村庄整治以后，利用剩余建设用地建立创意产业园区，并为相关人员和访客提供餐饮和住宿等旅游服务。

④玉带凌波

玉带凌波位于新区中央轴带水系向南延长线与陆浑水库东一干渠交汇处，通过在干渠两侧及周边种植大片植物来体现干渠秀美朴素的自然景色。访客沿干渠步行，置身于山水与村庄之间，可以品味人工与自然和谐交融的意趣。

⑤烟谷神话

烟谷神话位于规划区内的烟谷堆，传说神话人物二郎神君曾巡游人间，劳累之余坐在万安山上稍事休息，磕磕鞋上的尘土，沙石掉落人间，便形成了烟谷堆与禹宿谷堆。登上烟谷堆不仅可以领略周边秀丽的自然风光，更能亲身感受神话传说带给人们的无限遐想。

⑥马术俱乐部

随着马术运动在中国的普及，越来越多的人开始参加马术训练，万安山北部平坦的地势和优美的环境非常适合马术运动的开展，访客不仅可以体验逍遥骑士的快乐，彰显骑士的风采，还可以欣赏大自然美妙的画卷。

⑦万安书院

规划在万安山脚下建设万安书院，建筑面积约为2000m^2。书院下设办公室、出版部、网站、图书馆、学术部、接待处等部门，具有日常办公、图书出版、学术交流、专项研修和图书收藏等职能，还可举行中小型学术会议。

（2）干渠景观规划

万安山山体高大蜿蜒，汇水线路和区域较为复杂，因此规划通过堤坝的修建，将部分山体汇水处建设成诸多风格各异的水库，分布于东一干渠两侧，使干渠呈现出点线结合的韵律美，打造"虽由人作、宛自天开"的自然风光（图3-14）。

①渠清源澄

该地位于诸葛村，原场地以果林为主，规划将在此基础上建造一系列有机联系的景观休憩空间，为城市居民，特别是伊滨区居民提供一处郊外休闲娱乐的好地方。

②聆渠亭

在干渠地势较高处设亭，供访客短暂停留。凉风习习，林渠声声，带来真正的自然感受。

③碧溪翠渠

通过成片植物群落的配植，形成溪流幽深、树影在渠中婆娑舞动的干渠风光。同时树下设有休憩林荫草坪，人在林荫下，闻百鸟齐鸣，尽观草木飘曳。

图3-14 干渠景观规划图

④日出玉泉

靠近沙河水库建亭1座,以观沙河水库日出时美景,霞光万丈,光彩炫目,再加之水库倒影波光粼粼,美不胜收。

(3) 山脊线景观规划

利用山顶1m左右的小路,串联三大景区的同时,在山峰和山腰设置多处站点,便于访客驻足观景,并使山脊线呈现出高低错落的景观游览节奏,形成万安山独具魅力的山脊线风光(图3-15)。

①烟花红叶

烟花红叶位于规划区南部山脊线的西端,是以栽植黄栌为主的树木观赏区。烟花红叶在设计时,根据植物在自然界生长的状况采用自然复层混交形式,密林、疏林草地或树群、树丛、孤植等多种栽植方式相结合。黄栌是良好的造林树种,花后久留不落的不孕花的花梗呈粉红色羽毛状在枝头形成似云似雾的景观,构成山脊线起点处独特的景观风貌。

②万安阁景区

万安阁景区是中央轴带水系经过水景公园等景点引导后,最后形成的视觉廊道的终点,通过建造5层重檐的万安阁来对轴带视线进行控制。万安阁为"外五内十一"的建筑构造,登临其上不仅可以欣赏中国古建的精巧结构,同时也是整个规划区的次高点,可俯视新区,古朴的村落与现代化的伊滨新貌尽收眼底。

③白龙潭景区

白龙潭景区有着浓厚的宗教文化色彩,景区内沿途的白龙潭、玉泉寺、朝阳洞、磨针宫,以及位于整个规划区内最高峰小金顶的祖师庙,无处不体现当地人对万安山的崇拜与

图3-15 山脊线景观规划图

敬畏。景点内供奉着佛家、道家不同的神明,佛道双修也成为其独一无二的特色。

④老君庙景区

老君庙景区有着当地浓厚的神话色彩,围绕着太上老君的一系列故事而产生了许多特色的景点,如为帮助整治两条闹水灾的白龙而下凡的伏龙台,归隐山林之后其坐骑化身的卧牛石,人们为祈福求平安寄托美好愿望而建立的鸣钟楼、老君庙,以及轩辕黄帝经太上老君指点而得以修炼功成的轩辕坛。其中老君庙位于景区最高峰,山水氤氲,神气秀丽,香火不断。规划利用丰富多彩的神话传说,串联景点,形成山脊线景观序列的高潮。

2. 特色景观规划

规划延续洛阳区域文化,借用现有自然和人文景观资源,通过对重要景点的特色建设和植物景观的细致刻画,结合季相气候的变化,构建凸显万安山时代风貌的"新八景"。"万安山新八景"均匀分布在规划区三镇范围之内,诸葛镇内有徐马遗风、紫阁晴岚;李村镇内有洒流花香、苇园槐馨、金顶览胜;寇店镇内有谷关汉韵、水泉层林、沙河柳浪(图3-16)。

(1) 徐马遗风

上徐马在新中国成立前属于"三不管"地区,中国共产党在该村设立地下交通站,展开了长达十数年的传奇式的敌后革命斗争。由于此区历史上较其他地区发展滞后,村民对住房的改建较少,因而保留了较为完整的近代村落脉络以及大量的近代建筑,如上徐马党支部、村委会的办公室就是一所典型的明清时期建造的四合院,保存较为完整。因此,此区不仅是"红色革命的教科书",又是"近代文化的展览馆"。另外,考虑到此区建设用地较为集中,规划在历史建筑以外的区域划留旅游服务中心区域,为访客提供休息场所、餐饮服务等。

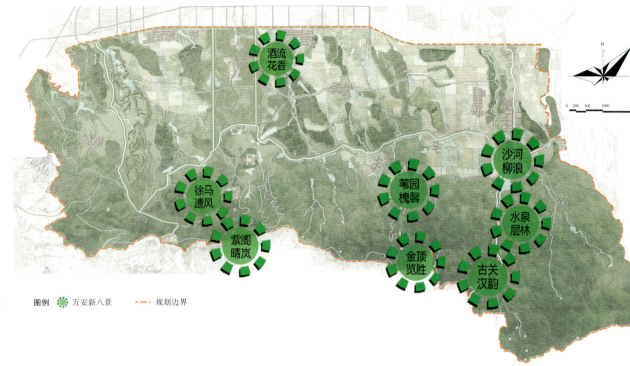

图3-16 万安山新八景规划图

（2）紫阁晴岚

紫阁晴岚景区正对洛阳市中央水系景观，是其视觉轴线上的聚点，居于万安阁上，南观洛阳、北望伊川、西眺龙门、东窥万安，虫视紫阁接晴岚，鸟瞰锦川环秀山。

（3）酒流花香

酒流沟水库是目前规划区内地理区位最为优越、水量蓄存时间最长、土壤质地最适宜植栽的区域。其所在的李村镇也有过花木栽植的历史。规划该区为花木种植基地，发展花木产业，一方面可以使当地居民获得较高的经济收益，另一方面也可起到防洪减灾和改善生态环境的作用，打造"休怪酒流不流酒，只为花香亦醉人"的独特景观。

（4）苇园槐馨

苇园村一带生长着大面积的刺槐林，是该区的一大特色。在此基础上，一方面以刺槐林为主题，主力打造"春暮数里雪，夏初万户香"的景观，另一方面可以对刺槐花系列产品进行加工，如刺槐花食品等，使当地获得景观和经济双层收益。

（5）金顶览胜

该区是万安山的一个制高点，海拔为937.3m，此区向南是武当山，此区以北金顶之名与武当南金顶遥相呼应。站在小金顶俯瞰伊川平原，一幅气象万千的画卷便会尽收眼底，阡陌纵横，碧绿的麦田、金黄的油菜花拼合成美妙的几何图案。巍巍群山中，香客往来于万安金顶祖师庙中，为这灵秀大地增添了几分仙风道骨之气。

（6）谷关汉韵

大谷关，原名太谷关，又名大谷口，是洛阳八大古关之一，位于寇店镇水泉村南，为古代洛阳向南通往南阳、汝州，东南达许昌、禹州的重要关口。这里崇山峻岭群山环抱，怪石嶙峋，沟壑纵横，中有山路，可通南北，崎岖狭窄，形势险要，有"一夫当关，万夫莫开"之势。该关是一条长达7.5km的大沟，西有万安山的主峰耸立，东有北魏石窟，南与伊川接壤，北有马寨村，其地势三面临沟，一面通谷，形如半岛，可屯重兵，是防御南面敌人入侵之咽喉。规划在此以艺术景观重塑的手法重现古关史韵，使之成为史迹教育基地。

（7）水泉层林

水泉石窟坐东朝西，依山面水，窟内两侧洞壁雕有大小佛龛400余座，为北魏至唐宋时期的佛教石刻艺术。此区内植被多为刺柏，规划补植黄栌、火棘、火炬等彩色叶树种，增加景观层次，兼得古迹隐匿于深山之中，给访客展现出一派层林尽染的石窟古卷景观。

（8）沙河柳浪

规划在沙河水库周边多植绿柳，风吹柳丝波动，与水面浑然一体，形成层层绿波荡漾，使人不禁想起"雨后春波柳浪香，布帆归缓怕斜阳"的诗句，故而得名。

3. 其他景观节点规划

（1）野生动物园

野生动物的生长状况代表生态环境的优良程度。在对规划区进行植被修复的基础上，规划在西南部建设野生动物园，拟通过森林植被的规划设计，将其与生态环境融为一体，并用隐蔽于山林的铁网对野生动物园进行范围的划定。

规划野生动物园占地约200hm^2，利用沟壑和山体形成丰富多样的野生动物栖息地，并于园内建设野生动物急救中心、饲草基地、访客服务接待中心等设施。

野生动物园的建设将为未来发展特色旅游、保护动物，拓展市民休闲文化提供良好的环境支持。

（2）现代生态健康产业园

现代生态健康产业园是参照《洛阳市第一人民医院关于建设养生养老现代生态健康产业园》的内容进行规划布局的。其总体定位为：以亚健康人群管理和老年人群管理为两翼，以中西医结合为手段，以养生养老为特色，以土地流转为重点的国内高端养生养老文化产业示范园区。

规划园区包括养老居住区、思想文化区、保健养生区、文化艺术传承区、现代农业示范区等五大版块，总用地面积11000亩以上。

（3）生态示范种植园

生态示范种植园将受损土地修复的生态知识运用到户外休闲活动中，旨在寓教于乐，提高人们对自然生态的认识。园中对乡土植物、野生花木等进行示范性种植，通过多样的种植示范展示来吸引公众参与，提高民众对于可持续性发展的认识，为多种耐旱植物和土壤修复的了解和研究提供示范实验基地。

（4）拓展训练营地

充分利用采石场留下的断壁绝崖，开展拓展训练，包括高空项目、低空项目、场地情景项目、水上项目、原木攀爬项目、野营项目等齐全的项目建设，满足访客在原生态环境下进行休闲拓展活动的需求。

（5）特色苗木基地

李村镇曾经种植各类苗木1.2万亩，种类达300多个品种以上，已经成为黄河中下游地区最大的苗木基地之一，在酒流沟水库周边建立特色苗木基地，基地中除了种植雪松、梧桐、女贞等常见树种外，也有桦树、桂花树、珊瑚树等名贵树种，此外基地中还大量种植花灌木，并设置宿根花卉展示场，在美丽花卉的装点之下，在苗木基地中还可以开展婚纱摄影活动。

（6）观光采摘园

以现有的果园为基础，以山林植被为背景，开展果品采摘、民俗度假、垂钓、野外宿营、烧烤等各种休闲活动。

（7）特色养殖园

以现有的水系、鱼塘为基础，养殖特色鱼类；在林间设立观鸟台、观鸟屋等具有保护色的观鸟设施，形成鸟语林；在大片的疏林草地蓄养猪、马、牛、羊等家畜，培养人们对动物的热爱；在园区服务中心区域圈养鸡、鸭、鹅等家禽，与其他园区结合，形成以短养长的特色养殖园。

（8）农事体验园

规划在农事体验园中设置农事用具展示馆、用具租借、停车场等功能设施用房，开展农作物耕作、施肥、浇水、认养等农事体验活动，并设亲子活动乐园。

（9）科技示范园

对现有的果林进行农业设施的生态改造，利用生态湿地净化水源灌溉林地，并对引水渠进行生态处理，以培育果林的新品种和优质品种为主，设置农业科技展示馆和服务用房，定期开展农业科技讲座和农产品展示与交流活动，促进地方农业技术的提高。

（10）水泉石窟景区

规划水泉石窟景区位于沙河二库和沙河三库南侧，主要观赏景点为层层柏木林掩映下被列为河南省文物保护单位的汉魏水泉石窟。石窟背靠万安山断崖，面向宅院与窑洞一体的特色村落。置身于"万安山新八景"——水泉层林，可领悟古人雕刻技法之精湛与当地人建造宅院的智慧。

4. 建筑风貌规划

建筑风貌规划包括对建筑的位置、高度、体量、风格及色彩的控制和引导。

位置上，建筑布置强调疏密有致。在文物古迹、山巅景区、景观点、视觉走廊等处要严格控制其建筑位置，留出生态背景，建筑与绿化交相出现，形成人与自然协调发展的景观形象。

高度上，要对建筑高度和天际轮廓线进行严格控制，以防局部过密及空间上的无序。建筑应错落有致，空间虚实相间，纵向层次丰富。除山顶标志性建筑以外，其他建筑控制在2～3层。

体量上，建筑物体量与周边自然景观、历史遗迹、传统民居的高度和规模相协调，强调其连续性，避免大体量。

风格上，建筑在整体风格上以体现自然、明快的简洁风格为主，对旅游景区采取仿古风格，并融入现代元素，建筑应顺应地形变化，具有地方特色。

色彩上，建筑色彩以浅色调为主，局部搭配小面积比例深色调，与周边自然环境融为一体。基调色为白色、灰色、淡黄色。

3.3.8 道路交通规划

1. 外围交通组织

洛阳地理位置优越，交通十分便利，围绕洛阳古都的公路干线形成了四通八达的交通网。连霍高速公路、二广高速公路、郑洛第三高速、郑少洛高速从洛阳市区穿越而过，其中二广高速和郑洛第三高速经过规划区域。

（1）与周边地区联系的交通干道

规划充分改造现有道路形成与周边地区联系的交通干道。区内北侧有3条主要道路与新区拓展区南环路及其向东延长线连接，位置分别位于西边龙门煤矿附近的西山路。中间与拓展区玉泉街对接，东边利用掘丁路与南环路向东的延长线对接。南侧有2条主要道路分别从上徐马和大谷关通往伊川县境内。东侧有一条主要道路通往大口乡，西侧利用规划区西北角现有道路通往龙门。规划将以上道路改造形成连接规划区与外部社会交通的衔接线。衔接线依照国家二级公路标准建设，采用水泥混凝土路面和沥青混凝土路面。

（2）旅游公交线路规划

规划在洛阳市区、偃师市区及主要村镇内分别设置旅游汽车首末站，规划多条旅游专线，与万安山联通，方便访客到达。规划公交专线到达主入口，主要包括从洛阳市洛北机场、洛阳站、洛阳东站、关林站、关林南站火车站到达万安山的公交线路。沿途可与新区伊滨区中央水系轴带有机结合，同时也可通过公交线路将洛阳市域内的各大公园、旅游景点串联起来，形成景观旅游专线，为构建覆盖全市的旅游体系打下基础。

2. 规划区内部道路交通系统规划

在规划区北部设置3个出入口与洛阳新区干道相连，南部设置2个出入口与伊川道路连接，东部设置1个出入口与偃师相接，西部设置1个出入口与龙门互通往来。规划区内部道路交通主要由主干道、次干道和支路构成（图3-17）。

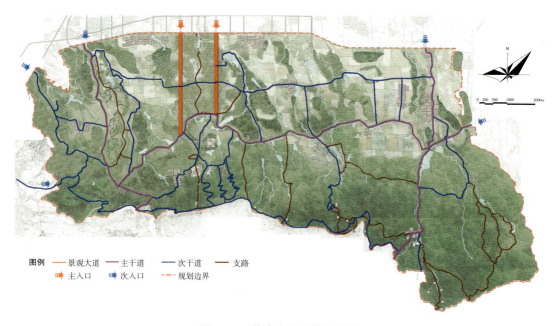

图3-17 道路交通系统规划图

（1）主干道

主干道是指与主次入口相连接且将三大功能区串联在一起的完整环路，全长194km。主干道的规划结合现状道路、陆浑水库东一干渠等山水地形自然条件以及未来整合后留下的村庄，形成连接山下和山上的游览环路。

主干道作为连接各景区的主要交通道路，用于承担森林防火、行洪抢险等防灾避险的功能需求，平日主要承担旅游车辆、休闲自行车及人行交通，按交通运输部规定的二级公路标准设计，沥青混凝土路面。环路宽度9m，环路与路口衔接景观道路宽度9~10m，包括机动车道和非机动车道。

（2）次干道

次干道是指与主干道相衔接，承担各景区内部交通的主要道路。次干道与主干道结合，形成覆盖规划区的网状交通体系，主要用于承担小型机动车、景区电瓶车、休闲自行车交通，使访客可方便地到达各个景区。

次干道应根据各景区现状及交通需求合理选择宽度,一般为5~7m,建议采用沥青碎石路面。

(3) 支路

支路主要分布在各村庄及景区内部,承担连接休息平台、景区景点、古建寺庙的功能,宽度宜控制在2~3m,建议多采用木栈道、嵌草石阶形式。

3. 交通路线规划

各旅游景区内的主要交通工具为自驾车、电瓶车,同时开辟自行车游览及有氧自行车运动专线,可根据各旅游景区的实际情况,设置缆车、滑道、溜索等快捷游览方式,以及骑马、马车、越野摩托车等具有户外特色、民间风情、乡土气息的特色交通方式。

(1) 自驾车

私家车自驾游览路线主要设置在景观大道、主干道、次干道,分别形成区域的整体环路和分景区环路,便于游览。另外统一设置停车场和服务站,便于车辆停放和管理(图3-18)。

图3-18 自驾车旅游线路规划图

(2) 电瓶车

电瓶车游览路线主要设置在主干道环路,环路入口处设置电瓶车总站1个,在距各景点较方便位置分别设置电瓶车停靠站,共14个(图3-19)。

图3-19 电瓶车旅游线路规划图

（3）自行车

自行车游览路线分为日常游览型和有氧运动型两条线路。日常游览型主要结合主干道和台原区的次干道，有氧运动型主要是指台原区与低山区组成的整体环线，标注有自行车行驶公里数，方便自行车运动爱好者计算运动量（图3-20）。

图3-20 自行车旅游线路规划图

（4）徒步

徒步路线是在主干道、次干道基础上纳入支路体系，其中低山区的登山路线是徒步游线的精髓，沿途包含诸多自然、人文景点和服务休憩站等（图3-21）。

图3-21　徒步旅游线路规划图

4. 交通设施规划（图3-22）

图3-22　交通设施规划图

（1）停车场

规划在万安山生态保护与利用规划区主入口设置公交车专用站场和私家车、客车停车场，次入口区分别设置规模不同的私家车、客车停车场，以满足不同时期规划区域可能的停车需求。根据访客量预测，近期私家车停车位约为500个，远期为1000个，小车停车位和大客车停车位数比例为6∶4，鼓励访客乘坐公共交通工具到达。

在主环路沿线四大功能区的知名景点、民俗文化村、生态示范社区和综合服务基地，经次干道分流后，布置与景点规模和访客容量、村落社区规模相符合的停车场。

规划停车场全部为生态停车场，绿地率在20%以上，绿化覆盖率在30%以上。停车场全部采用透水铺装，与万安山生态规划要求相适应。

（2）电瓶车换乘点

规划在万安山生态保护与利用区主入口设置电瓶车综合管理总站1个，沿主干道在经过的知名景点、重点村落附近设置电瓶车换乘点14个，访客到达各景区景点后，可选择徒步或骑车继续游览。

（3）自行车租赁点

在主入口和次入口均设置自行车租赁总站，共7个，并在各大景区的电瓶车停靠点以及二级道路中不同景点设置多处自行车服务点，为选择自行车游览的访客提供完善的服务。

3.3.9 旅游发展规划

1. 旅游发展定位

根据万安山的生态旅游资源特点和客源市场需求特征，将万安山旅游产品定位为：以休闲娱乐产品为基础，以生态观光旅游产品为核心，以民俗风情体验产品为亮点，形成主体多样、层次丰富，满足生态旅游市场多重需求的生态旅游产品开发结构。

2. 旅游发展目标

以"万安山"为旅游品牌，以自然生态景观资源和多元文化内涵为基础，以生态保护为前提、适度开发为原则，以特色观光和生态体验为主体，以人文历史和休闲度假为补充，有重点分层次的开发大众生态旅游、专业生态旅游、生态休闲与社区生态旅游产品，着力塑造万安山生态旅游核心竞争力，将万安山打造成为郑汴洛知名生态旅游胜地。

3. 旅游项目策划

生态是万安山的本底，文化是万安山的特色。规划立足生态，挖掘文化，在现有资源基础上，结合农业、水利、林业等工程建设，进行综合旅游项目策划。

规划区旅游项目主要有六大类：生态观光类、文化访古类、休闲度假类、运动游憩类、教育科普类、节事活动类。项目设置以生态观光类项目为基础，以休闲度假和运动游憩类项目为发展重点，以文化生态类项目为特色（表3-5）。

表3-5 旅游项目列表

项目分区	项目类型	项目设置	备注
农田生态系统保护区	休闲度假类	酒流沟水库度假村	依托现有农业生产建设，发挥农业和滨水优势，重点开发休闲度假、游憩运动类项目
	生态观光类	特色养殖园（观鸟、垂钓、喂兔）、科技示范园、特色苗木基地	
	运动游憩类	农事体验园、观光采摘园	
	节事活动类	田园生态文化节、观光采摘节（草莓节、山杏节、苹果节）	
农林文化产业展示区	生态观光类	白龙潭景区（玉泉寺、白龙潭、朝阳洞、磨针宫、始祖庙）	充分利用上徐马古村落和当地民间传说故事资源，开展古村落观光及民俗体验游活动，同时利用整个规划区域中生态环境最好的白龙潭景区进行生态观光活动。同时，与生态恢复建设工程结合，开展科普教育旅游；利用采矿遗址和诸葛水库开展生态恢复示范基地建设，依托山形地貌，开展滑翔、攀岩和马术训练等活动
	文化访古类	上徐马明清古村落、苇园民俗文化村	
	休闲度假类	西山张低碳社区、老井低碳社区、南宋沟低碳社区	
	节事活动类	祭祖登山节	
	教育科普类	生态示范种植园、特色苗木基地	
	运动游憩类	马术俱乐部、拓展训练营地	
林业生态游览度假区	休闲度假类	李家寨低碳社区、五龙低碳社区、沙河水库景区	利用水库资源进行休闲度假活动，整合水泉石窟、大谷关等历史遗迹资源，开展古迹寻访活动
	文化访古类	水泉石窟景区、谷关汉韵、老君庙景区	
	节事活动类	田园生态文化节、观光采摘节	

4. 旅游环境容量

旅游环境容量是指在未引起对资源的负面影响、减少访客满意度、对该区域的社会经济文化未构成威胁的情况下，对一个给定地区的最大使用水平，一般量化为旅游地接待的旅游人数最大值。

在对万安山生态保护与利用规划区进行旅游规划设计时，环境容量是进行各项开发建设的重要依据，它决定着整个旅游区各项基础设施和服务设施的数量及分布情况，与开发建设前期的投资金额和建成后的经济效益有着极其密切的联系。

在本次规划中综合分析了当地的自然景观资源与生态状况，对旅游环境容量的测算，是在传统面积法和游路法相结合的基础上，采用修正数值的方法，将旅游环境容量表达为旅游景点容量、旅游线路容量，以及非活动区接待旅游者的容量之和，其公式为：

$$C=C_1+C_2+C_3=\frac{X_i}{Y_i}\times\frac{T}{t}+\frac{M_i}{L}\times D_{t+}C_3$$

式中，C为日旅游环境容量；C_1为旅游景点容量；C_2为旅游线路容量；C_3为非活动区接待旅游者的容量；X_i为第i个旅游景点的面积（m^2）；Y_i为平均每位访客占用的合理面积（m^2）；T为游览区每天开放的有效时间（h）；t为每位访客在游览景点的平均游览时间（h），Mi为每条旅游线路长度（m）；L为每位访客占合理旅游线路的长度（m）；D_i为游憩线路周转率。

对于规划区内旅游景点，按照面积法进行环境容量的测算；对于非主要活动区的大部分地区按照游路法计算环境容量；对于非活动区则根据区内面积、服务设施种类和数量等进行接待旅游者的容量计算。

规划区内旅游线路总长度（M）为149km，每位访客占用的合理距离（L）设计指标采用30m/人，则C_2为4967人；规划区每天开放12h，访客平均游览时间为6h，主要景点面积为1km^2，每位访客占用的合理面积参考标准为160m^2，则C_1为12500人，非活动区接待旅游者容量之和C_3为1500人。万安山生态保护与利用规划区日环境容量为18967人，规划区每年开放时间为12个月，所以年旅游环境容量为692.3万人。

5. 旅游服务设施规划（图3-23）

图3-23 旅游服务设施规划图

（1）一级旅游服务中心区

一级旅游服务中心区是旅游区内设施集中分布、服务内容全面、服务设施齐备的综合性旅游咨询服务区，设置在旅游区访客集中分布的区域。

在山麓下南环路以南建立旅游服务中心区，为万安山乃至洛阳新区的旅游服务设置访客中心、停车场、宾馆、餐厅、商业街等旅游设施，是万安山旅游服务、接待、交通集散的综合中心。

（2）二级旅游服务区

二级旅游服务区主要设置在山体主要游览区的入口或人流集中处。规划区设二级旅游服务区3处，分别结合景区建设设置在诸葛上徐马、李村苇园、寇店水泉沟。二级旅游服务区内部设置住宿、餐饮、交通、娱乐、购物、游览等方面的设施。

（3）三级旅游住宿服务设施

规划设置三类住宿服务设施：经济型酒店、度假别墅（产权式酒店）、家庭旅馆。

生态游览度假区以度假住宅为主，为访客提供高档服务，生态农业观光区以经济型酒店和家庭旅馆为主，提供具有豫西农家风情的住宿和餐饮服务。

（4）四级旅游服务网点

在规划区各个景点适当布置旅游服务网点，为访客提供旅游纪念品、食品、快餐、茶点等便捷服务。

万安山植被恢复

《洛阳万安山山体植被恢复设计》

随着生态建设的持续推进，洛阳市坚持问题导向、因地施策，按照《洛阳新区万安山生态保护与利用规划》计划，率先进行《洛阳万安山山体植被恢复设计（2013—2020）》，将万安山山体裸露和生态脆弱区域的改善作为第一步工作，开展山体绿化，为全面推进万安山生态保护和合理利用夯实基础。

万安山山体绿化工程首先选在万安山山脊线北部的山体裸露和生态脆弱区域，总面积11km^2（图4-1）。

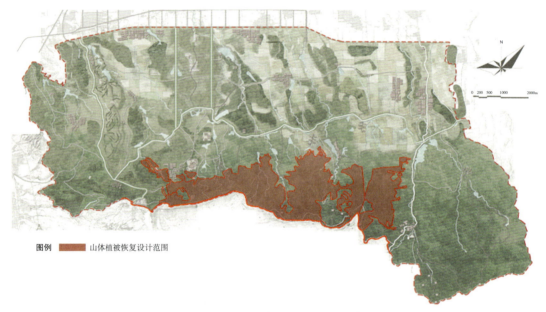

图4-1　万安山山体植被恢复设计范围

4.1　场地现状

4.1.1　现状条件

1. 地形高程

通过ArcGis对地形图、高清航拍图等进行地形高程分析，区域整体地势由北向南逐渐抬高，沿南部山脊线的东西向线性区域为海拔最高片区，制高点在东南角，为万安山主峰小金顶，海拔937.3m（图4-2）。

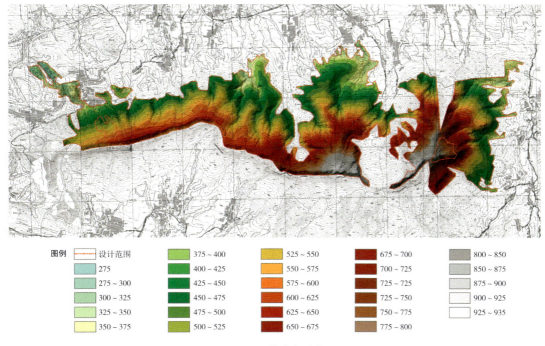

图4-2　现状高程分析图

2. 坡度坡向

通过ArcGis对区域的坡度和坡向进行分析。坡度按照0°~15°、15°~25°、25°~35°、>35°四类进行分析，南部的东西向山脊线、中部山峰和东部山峰的坡度相对最陡，很多大于35°的陡坡区域。西部片区相对平坦，以0°~25°坡度为主（图4-3）。

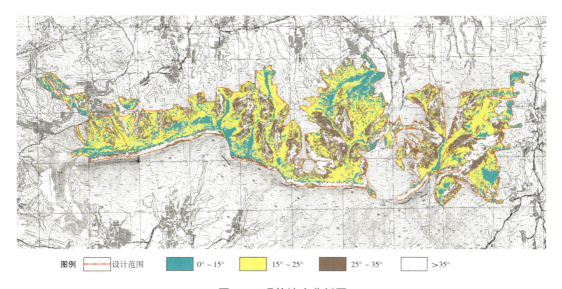

图4-3　现状坡度分析图

坡向划分包括北坡、东北坡、东坡、东南坡、南坡、西南坡、西坡、西北坡8类。坡向对植被接收日照时数和太阳辐射强度有较大影响，南坡的辐射收入最多，其次为东南坡和西南坡，再次为东坡与西坡及东北坡和西北坡，最少为北坡。同一个山体的不同坡面上通常分布着截然不同的植被类型（图4-4）。

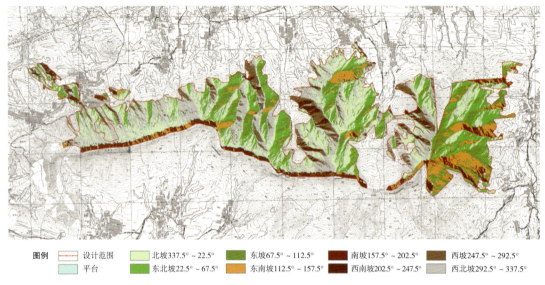

图4-4　现状坡向分析图

3. 立地类型

不同立地类型具有不同的土壤条件、地貌类型等，水、肥、气、热的不同会造成植被生长的差异。对万安山立地类型的划分，是进行绿化恢复的重要基础工作，是实现"因地制宜、适地适树"的先决条件。

按照综合性原则、主导因子原则、科学实用原则对立地类型进行划分。由于项目区经纬度跨度极小，气候、水文等因子基本一致，故在立地类型划分中不予考虑。立地因子中，与绿化恢复相关性最大的主要是坡度、坡向和土层厚度。因此，将坡度、坡向和土层厚度作为立地类型划分的3个主导因子。

表4-1　立地类型划分的主导因子（分级量化标准）一览表

坡向	坡度（°）	土层厚度（cm）
阳坡	缓坡<15	厚土>60
阴坡	中坡15~35	中土30~60
半阴半阳	陡坡>35	薄土<30

采用定性分析与定量分析相结合的方法进行立地类型划分，根据3个主导因子，结合区域综合资源条件，将万安山山体划分为11种立地类型。这11种立地类型以山体区位、坡度

陡缓和土层厚度相结合的方式进行命名（表4-2，图4-5～图4-6）。

表4-2 立地类型划分一览表

立地类型	坡度（°）	坡向	土层厚度（cm）
山脊厚土型	<15	阳坡	>60
山脊中土型	<15	阳坡	30～60
山脊薄土型	<15	阳坡	<30
缓坡厚土型	<15	半阴半阳	>60
缓坡中土型	<15	半阴半阳	30-60
缓坡薄土型	<15	半阴半阳	<30
中坡厚土型	15～35	半阴半阳	>60
中坡中土型	15～35	半阴半阳	30～60
中坡薄土型	15～35	半阴半阳	<30
陡坡阳坡	>35	阳坡	<30
陡坡阴坡	>35	阴坡	<30

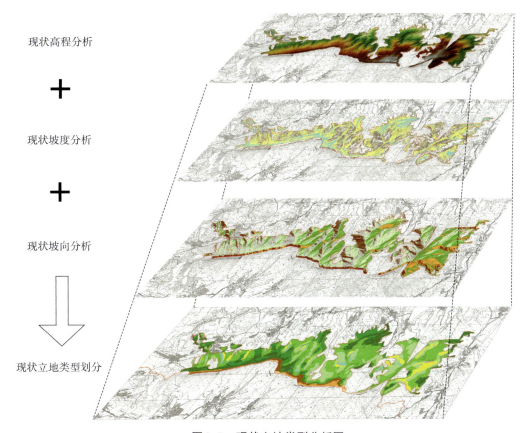

图4-5 现状立地类型分析图

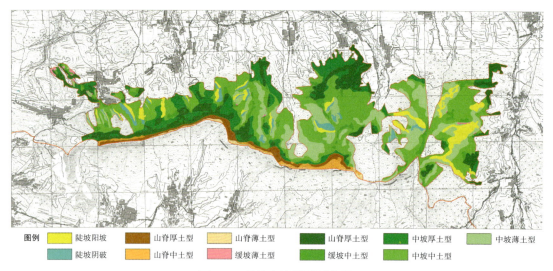

图4-6 现状立地类型划分图

4. 种植条件

（1）降水季节特征明显，水量由西南到东北递减

区域内四季分明，春季干燥，夏季湿润、降水多。万安山多年平均（1956—1999年）降水量为696.9mm，降水量的地区分布不均，其趋势整体由西南向东北递减，变化幅度在400~800mm之间。由于季风气候和地形的影响，年降水量在时间分配上变化也很大，其中6~9月汛期多年平均降水量为431.4mm，占全年的61.9%，且年平均降水量越少，年内分配越集中，7、8月为降水最为集中的月份。其他时间降水量只占全年的40%左右，其中4、5月降水量占全年的15%~20%。由于全年降水的不集中，常会出现春旱夏涝的现象。

万安山多年平均蒸发量为933.0mm，其地区分布规律与年降水量正好相反，总体上由南向北逐渐递增。多年平均干旱指数为1.4，属于半干旱地区，干旱指数的总体分布趋势基本上由西南到东北递增。

（2）给水设施外多内少，补水主要源于自然降水

区域以外分布有陆浑水库东一干渠、诸葛水库、酒流沟水库、沙河一库、沙河二库、沙河三库、杨河水库、耿沟水库、南宋沟水库等。陆浑水库东一干渠和大部分水库补水基本都来源于自然降水和山体汇水（图4-7）。

区域内部的水利设施较少，仅有两口水井。另外，随着万安山地形地势的变化分布有较多的沟谷，大部分沟谷在丰水期雨后会产生地表径流，枯水期则地表径流很小或无水。

（3）整体土壤土质瘠薄，基岩裸露石砾质地坚硬

区域内大部分山体土质瘠薄，表层土壤为石灰岩残积母质上发育而成，土层较薄，多处基岩裸露，仅山谷一带土层稍厚一些，且含有大量石砾和新生料礓，质地坚硬，增加了

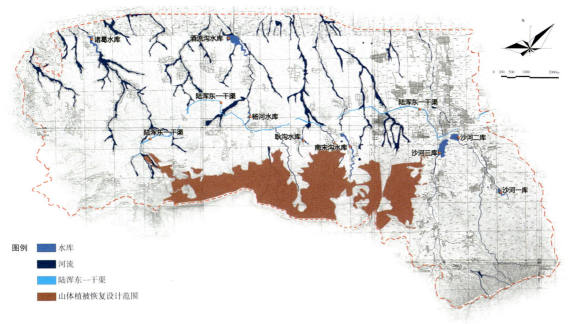

图4-7 水文水系分布图

山体的绿化恢复难度。

（4）山体荒芜灌草丛生，仅有个别片区植被较好

万安山所在的洛阳植被区系属于中国植被区划[*]Ⅱ2温带落叶阔叶林区的落叶阔叶林地带。主要阔叶树种为喜温耐旱的栎类，以及杨树、刺槐、椿树、楝树、皂角等，并有侧柏、圆柏、白皮松等针叶树（图4-3）。

表4-3 现有主要植物一览表

种类	主要植物种类
常绿树	侧柏、女贞等
落叶阔叶树	栎树、杨树、刺槐、椿树、楝树、皂角、榆树、银杏、火炬树、化香等
经济树种	核桃、枣等
花灌木	黄杨、木槿、花石榴等
野生植物	酸枣、荆条、黄白草、翻白草、鸢尾草、野菊花、野胡萝卜、藿香蓟、野苜蓿、野苋菜等
低等植物	青苔、蕨类等

海拔相对较高的丘陵地区和曾经的采矿区、采石区植被人为破坏较为严重，现状以各种草类、灌木为主（图4-8）。

上徐马、祖师庙—磨针宫—朝阳洞—白龙潭区以及耿沟周边植被情况相对优良，植物种类丰富，枝叶繁茂，大树较多。万安山南部山脊线以北区域分布有大片刺槐林和栎树林，植被资源较好。区域的西南角，有约80hm²的对外承包林场，以核桃为主，另外种植有少量

---

[*] 孙世洲，中国植被区划[M]// 刘光明，中国自然地理图集.3版.北京：中国地图出版社，1999.

女贞、板蓝根、金银花等。

其他区域的植被情况虽然略好于高海拔地区和采矿区、采石区等处，但是整体情况较差，不乏大量裸露或仅有草本植物覆盖的荒山，亟待开展绿化恢复工作。

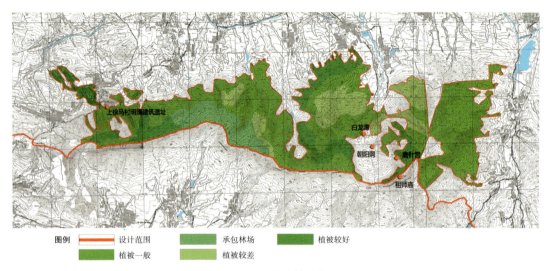

图4-8　现状植被分析图

5. 人文资源

万安山人文资源丰富，有历史上遗留下来的道教、佛教及村落文化景观资源。山上庙宇众多，有白龙潭、朝阳洞、磨针宫、祖师庙等。另外还有上徐马的明清建筑遗址、北魏的水泉石窟、大谷关遗址等，均位于万安山南部区域，属于较为优质的资源（图4-9）。在山体植被恢复设计时要重点围绕此类节点展开，加以改造、利用。

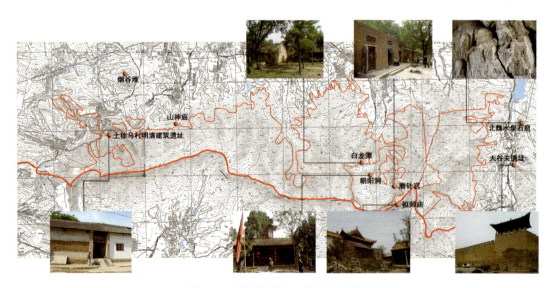

图4-9　现状典型人文资源分布图

4.1.2 问题和对策

（1）山形地势复杂多变，如何准确把握地形布局设计

区域内山体北低南高，最高峰小金顶海拔937.3m。沟壑纵横，多悬崖陡壁，30%以上区域坡度介于25°～35°之间，10%以上区域坡度大于35°。多变的地形为山体绿化恢复的布局和树种选择、种植均带来了较大挑战。

为了能够较为准确地把握地形，提高设计与现场的吻合度，团队对现场山形地势进行了多次的踏勘、研究，掌握每一个地块的地形，掌握地形、立地条件、现状植被生长等情况，将测绘地形图与高清航拍图叠加使用，使地形的展现更加直观（图4-10）。考察中使用GPS卫星定位仪等工具对特别需要注意的点位、区域进行标注，通过GPicSync将考察拍摄照片与点位相关联，在电脑操作的时候能迅速回忆起每处的地形状况。对植被恢复设计方案反复推敲，以保证绿化效果和树木成活率。

（2）给水多靠自然降水，如何保证绿化种植养护用水

区域内降水多集中在夏季，每年的6～9月年平均降水量占全年的61.9%，常会出现春旱夏涝的现象。加之大中型水利设施均分布在区域以外，范围内仅有一些沟谷在丰水期雨后会产生地表径流，能够短暂作为绿化恢复工程的用水来源。

故在设计之初，将绿化灌溉用水作为专题进行多次讨论和严谨的用水量计算。首先根据绿化用树的规格大小，分别按照2m×2m、1.5m×1.5m、1m×1m的株行距计算用水量，同时结合实际灌溉用水系数和区域的总面积，计算出总需水量，约为11.16万吨；在

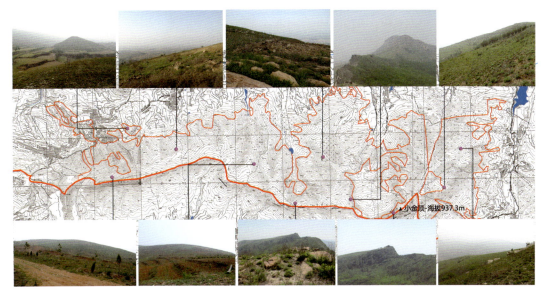

图4-10　现状地形地势示意图

此基础上,根据浇灌一次用时20～30天,算出需求总流量为372～558吨/小时;最后,根据上述数据,将全区划分为5个灌溉区,每个灌溉区通过软件计算细化灌溉小区并布局储水池,并使储水池位于每个灌溉小区的制高点,以便未来的灌溉能够利用自然地势引水浇灌。

另外结合道路排水,在道路一侧设置排水沟,选择距离道路最近的蓄水池,在蓄水池与道路间修建运水管道,将道路排水、雨水收集与蓄水池相结合,实现对雨水的回收、利用(图4-11)。

图4-11　灌溉工程规划图

(3)土壤砾石含量较高,如何克服瘠薄土质实现复绿

万安山上很多区域的土质瘠薄,土壤中砾石含量较高,一旦选择的植物品种不适合当地环境,将会难以成活。故在设计过程中,以前期的深入调查成果为基础,在掌握立地条件的基础上,植物选择秉持适地适树、乡土树种优先的原则,结合整地、土壤改良、植被抗旱建植等造林技术,对土质条件一般的地块通过整地处理进行景观化种植,尽量营造乔灌草的丰富竖向层次。对砾石较多、种植难度较高的地块,则选取低矮灌木配合花草地被进行处理,并少量搭配观花、观叶、观果树种,丰富四季景观效果,实现生态效益和景观效益最大化(图4-12)。

图4-12 瘠薄土质现状照片

（4）植被恢复面积巨大，如何营造地域化多样化林相

山体植被恢复设计的面积约为11km²，相当于1400余个标准足球场的面积。如何通过设计，不仅实现山体复绿，还能展现具有地域特色的差异化的多样化林相景观？为此，方案根据区域立地条件，结合万安山道家文化特色和未来区域发展规划，从面到片（功能区）、从片到点（特色节点）进行布局。确定各个片区要打造的林相景观方向，再细化设计，落实植物种类选择和搭配，从而营造出各个片区各具特色又相互协调、丰富多彩的林相景观。

4.2 设计目标

《洛阳万安山山体植被恢复设计》以《洛阳新区万安山生态保护与利用规划》为指导，以保证破损山体的安全和稳定为前提，以山体修复的方法和技术作为支撑，遵循生态和自然规律，把生态恢复、经济发展、环境建设结合起来，正确处理人与自然的和谐关系，处理好远期和近期、整体与局部的关系。

总体目标为：

树绿色自然生态理念，**施**现代林业工程手段；

挥园林景观丹青笔墨，**绣**万安山林大美景观！

4.3　设计策略

1. 理清立地条件

通过地形图、航拍图、勘察数据等现状资料，结合现场考察、软件技术分析，全面摸清地质地貌、土壤土质、地形高差、水文水系、光照热量等立地条件，为后续工作奠定坚实基础。

2. 掌握植被现状

山体植被恢复设计要以掌握现状植被情况为前提，明确万安山所在的植物区系，以及现有的植物种类、植物群落和分布情况，未来设计的时候才能适地适树，保证效果。

3. 确定景观分区

根据立地条件、历史文化和未来区域发展规划，确定景观分区。明确各个分区的特色主题，包括观赏特征（观叶、观花、观果等）、观赏季节（春夏秋冬）、文化（道家文化、历史文化、诗词文化等）、功能（观赏、游憩、运动、休闲）等。

4. 营造特色景观

丰富森林林相，打造"常年叶绿、四季花开、雨不见泥、风不起尘、空气清新、赏心悦目"的城市郊野公园山地森林特色景观，实现最佳生态价值和观赏效果。

5. 细化植物配置

根据景观分区选择每个片区的植物，先确定基调树种和骨干树种，再据此配置灌木、草花等，制定出具体的植物配置模式，包括植物种类选择、搭配比例、株距行距等。

6. 实施造林措施

对于立地条件差、植物难以存活的区域，提前采取整地（穴状整地、水平阶整地、鱼鳞坑整地）、土壤改良（物理改良、化学改良）等措施，改善植物生长环境。种植后及时养护管理，提高植物成活率。

4.4　设计理念

结合万安山区位条件、资源和文化特色等，以道家文化的精髓贯穿于整个设计过程，以大道为根、以自然为伍、以天地为师、以天性为尊、以无为为本，主张清虚自守、无为自化、万物齐同、道法自然。提出设计理念和愿景如下：

参佛龙门天阙·论道万安仙山

参佛龙门天阙： 龙门石窟位于万安山西北侧，是世界上造像最多、规模最大的石刻艺术宝库，是世界文化遗产、国家AAAAA级旅游景区，承载着佛教文化1600余年。万安山的绿化恢复，将为龙门提供一处东部的绿色生态屏障，同时将万安山与参佛龙门天阙并列到一个高度，提高万安山知名度。

论道万安仙山： 在万安山诸多文化中提取道家文化作为主线，将其贯穿于整个设计过程，进行近自然化的绿化恢复，以及后续的景观设计打造，顺应天然，回归自然。从植物配置、景观节点设计等多方面展示、传承道家文化。

根据道家文化，衍生出"自然、天性、自化、无为、因循"五大关键词。"自然"即自然而然，寓意万物按自然而然的规律变化，相应地，设计中应顺应天然、回归自然，故设计中效仿自然稳定的植物群落而展开；"天性""自化"寓意物各有性，要尊重万物天性，相应地，设计中应尊重不同植物的特性，合理选择，从而适地适树，不需要后期进行过多人工养护；"无为""因循"寓意顺其自然、不为物先、不为物后，相应地，设计中应使植物种类配置合理，从而实现自然演替更新，构建稳定的森林生态系统（图4-13）。

图4-13　设计思路简图

4.5 景观分区

根据立地条件、历史文化和未来区域发展规划，明确未来绿化恢复主体和功能方向，将整个规划区划分为6个景观片区，分别为：山林观赏区、山顶游憩区、百花丰果区、运动休闲区、万安论道区和林果体验区（表4-4，图4-14）。

表4-4 万安山景观分区统计表

序号	功能分区	面积（hm²）	百分比（%）
1	山林观赏区	544.78	53.02
2	山顶游憩区	82.21	8.00
3	百花丰果区	200.20	19.48
4	运动休闲区	41.10	4.00
5	万安论道区	133.58	13.00
6	林果体验区	25.69	2.50
合计		1027.56	100.00

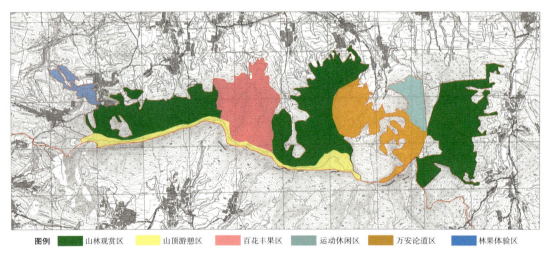

图4-14 景观分区图

4.5.1 山林观赏区

山林观赏区约占整个区域的50%，是植被恢复设计的基本面。该区分为东区、中区、西区3个片区，总面积约544.78hm²。其中东区山体朝向基本均为东向，面积约201.57hm²；

中区位于白龙潭景区以西、耿沟水库以东，山坡朝北，面积约190.67hm²；西区西至上徐马附近山体，东至老井林场东侧，面积约152.54hm²。

山林观赏区植物群落配置主要分为两大部分，一是中部、东部、西部山体观赏面，二是城市景观轴山体延长线。山林观赏区为山体景观观赏视线的焦点，植物配置上结合山体的立地条件，注重植物群落宏观姿态、色相的搭配，使其构成洛阳城市的生态背景（图4-15）。

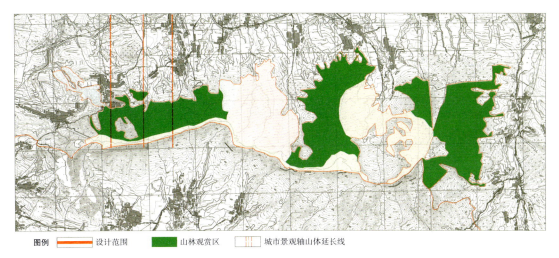

图4-15　山林观赏区位置图

从宏观的角度，主要考虑山体观赏面林相、林冠线、林缘线的整体形貌如何表现。以植物个体的细部形貌如花、叶、果、干、枝形等为基础，通过一定的树种选择和布局，形成或通透或茂密幽深的林相、或单一水平或起伏多变的林冠线、或舒缓或曲折的林缘线。在植物群落整体设计上，体现"四季有景"的植被配置理念。以侧柏和黄栌为基调，结合其他功能区的主调树种，组合成常绿针叶单层同龄林、落叶阔叶单层同龄林、落叶阔叶复层异龄林和针阔混交复层异龄林，形成或疏透有致或幽深茂密的林相；顺应地形地貌特点，在地势高峻处栽植乔木，在低洼处栽植灌木、草本，形成高低错落、参差起伏的林冠线；在草地、山麓边缘及与景观节点的交界处，由乔灌草疏密搭配，形成进退有序的变化曲线。

从整体色相的角度，在全局设计上以类似色、邻补色为主，在局部上应用对比色，与此同时既要注重植物个体之间的色彩组合搭配，又要纵观全局，以具有一定面积的斑状色块形成显著的色彩视觉冲击，构成一定的气势，以满足远景观赏、中景观看、近景游览的需要。以绿色为基调色彩，通过季相变化突出个性色彩。如：春夏季以不同的绿色构成类似色，包括侧柏的深绿色、刺槐和紫穗槐的浅绿色，配以山楂的油绿色，形成同一绿色调的不同层次；金秋时节黄栌叶、山楂果相继变成红、黄、土黄、橙、褐色等，万山红遍，层林尽染；冬季一夜冬雪，满山银装素裹，万花凋零，却见松柏依然挺立山间，独见精神。

4.5.2 百花丰果区

百花丰果区位于区域的中部（图4-16），面积约2km², 以百花果观赏、林果采摘为特色，力求达到"春有香草，夏有花；秋有硕果，冬有绿"的景观效果。

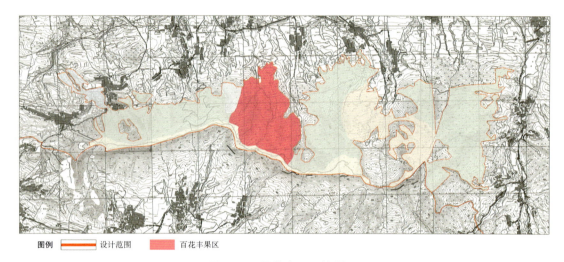

图4-16 百花丰果区位置图

根据观赏、游览需求，将百花丰果区进一步划分为精品花卉区、林果观赏采摘区和生态背景区。精品花卉区依据现状地形地势，营造半开敞式空间，在山坡、谷间等较为平坦的地方，布局具有洛阳特色的牡丹园、芍药园，以及香草园、药草园等精品花卉园；林果观赏采摘区主要营造覆盖式空间，选择山杏、山楂、海棠、山桃等果树。生态背景区是精品花卉区和林果观赏采摘区的衬托层和背景层，以常绿乡土树种适量搭配色叶树种，形成整体、统一的林相景观。

4.5.3 山顶游憩区

山顶游憩区位于山脊位置，呈东西向带状分布（图4-17），总面积约82.21hm²，总长约10.95km。其中主干道9.55km，次干道1.4km。次干道向东延伸至祖师庙，可步行下山。山顶游憩区未来计划打造为一条独立完整的景观游览带，是万安山山体植被恢复设计的重中之重，规划有多处结合历史文化展示的景观节点。

山顶游憩区植物配置主要包括山顶观光带的道路线型植物配置及景观节点植物配置。道路线型空间在道路两侧自然式栽植乔木，改善道路两侧景观；其他裸露土面播种混合草，节约成本、丰富效果的同时保证行车视线的通透性。

路堤边坡采用乔、灌、花、草、藤相结合，边坡上部主要考虑花草和常绿灌木，边坡

图例 ━━ 设计范围　　山顶游赏区　　山顶观光区　　景观节点

图4-17　山顶游憩区位置图

平台可适当种植乔木。低路堤统一采用常绿树种，高路堤可以适当考虑落叶的速生树种。

路堑边坡运用乔、灌、花、草、藤相结合的方式，以常绿为主，根据不同地段的原生植被情况，做到适地适树；同时对边坡开口线进行圆弧化设计，减轻边坡给车、行人带来的压迫感和不适感。

景观节点植物配置以大乔木为景点最外圈层的背景树，中圈层搭配"小乔木+花灌木+地被"的植物小群落，核心圈层则以地被和花灌木为基调配置在广场、步行路两侧，使访客更容易融入自然精致的氛围里。

4.5.4　运动休闲区

运动休闲区位于百花丰果区西侧山体（图4-18），占地约41.10hm^2。根据上位规划，将

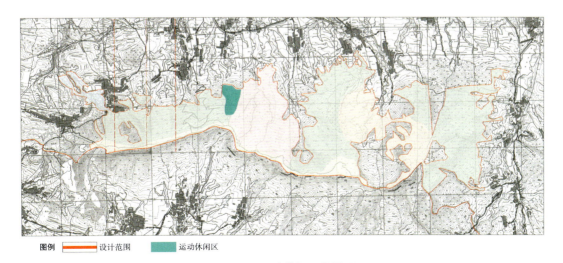

图例 ━━ 设计范围　　运动休闲区

图4-18　运动休闲区位置图

其规划为滑雪运动场。滑雪场作为大量访客聚集、活动的场所，其植物景观应根据功能性质作相应特色化处理。

运动休闲区的植被恢复设计从滑雪道和滑雪道周边的背景区两种类型考虑。滑雪道滑道主体使用结缕草、苇状羊茅、高羊茅、野牛草等草本植物，可以防止水土流失；运动休闲区植物配置则以常绿树种为背景树，搭配冬季观姿、观色乔灌木，另点缀搭配秋季色叶树种，丰富秋冬植物色彩。

4.5.5 万安论道区

万安论道区为白龙潭、朝阳洞、磨针宫、祖师庙集中分布的区域（图4-19），占地约133.58hm^2。

根据万安论道区主题（道家文化和生态建设），以实现该区域风景林及各景点植物群落配置的生态功能为前提，同时在绿化效果上烘托出"紫韵清幽"的景观氛围，体现生态风景林清幽自然的道教文化意境，营造生态风景林多样的林下空间，满足市民多种休闲娱乐活动。

白龙潭、朝阳洞等景点在植物群落配置上以原生植物为主，增加白皮松、圆柏等常绿乔木，体现道家清修的氛围。另搭配春季花灌木和秋季色叶树种，形成丰富的季相变化。

图4-19 万安论道区位置图

4.5.6 林果体验区

林果体验区位于区域的最西端，上徐马的西侧（图4-20），面积约25.69hm^2。考虑现有用地性质和周边村民生活需求，该区规划以经济果树为主，建设各类果园。

林果体验区与乡村旅游结合，本着"旅游理念经营农业，景区概念建设农村"的原则，保留村庄周边现有的果园，结合《洛阳新区万安山生态保护与利用规划》中的村庄林相优化改造，调整增加新的果树品种，形成桃树林、杏树林、山楂林等，一方面为蜜蜂鸟类等提供食源，打造室外桃花源的恬静优美的村庄风光；另一方面为访客提供赏花摘果的场所。既丰富了万安山林相景观，同时也提高了村民的经济收入。

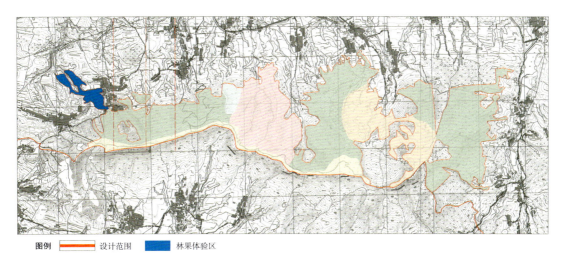

图例　　　设计范围　　　林果体验区

图4-20　林果体验区位置图

4.6　山体绿化

4.6.1　植物选择

1. 选用原则

根据立地条件、森林类型及演替规律，选择适合本地生长的乡土植物，以形成具有多类型、多层次、多色彩、多香味和多功能的落叶阔叶林和针阔混交林的森林景观。

（1）乡土植物优先

根据区域内气候、土壤、地形等环境条件，因地制宜选择与环境相适应的植物。在立地条件不同的地区选择适应不同温度、光照、水分、土壤、空气等因子的植物，使其能够正常生长，发挥应有的生态和景观效益。在植物选择上以具有地域代表性的乡土植物及本土植物为主，形成既符合自然规律，又能突出洛阳地方特色的森林景观。

（2）种类丰富多样

目前范围内的山体植被稀少，单一的林分结构易暴发大面积的病虫害，并且景观效果较差。设计重点是要改善结构，在原阔叶林的基础上，注重选择侧柏、圆柏、油松、白皮松等针叶树种，加以混交，达到优化森林结构的效果。另外，在适地适树的前提下，不同的景观分区选择不同植物作基调，着眼于季相变化，展现大面积远距离的色彩效果，形成四季景色。

（3）群落配置稳定

模拟自然界植物生长条件，合理配置植物群落，逐步构建系统结构稳定、养护成本低、具有良好自我更新能力的植物群落。山体植被在上层林分调整的基础上，适当地搭配补植中下层灌木，地被以自然现有状态为主，仅在景点绿化和道路绿化中补植草本地被，以形成完整的乔灌草分层结构，完善群落。采用仿自然的方式以实现稳定的生态结构，使未来植物在无人工养护的条件下仍能健康生长。

2. 植物种类选择

（1）山体改造植物选择

万安山山体林相改造的植物按照树干形态、树冠姿态、叶色、花色、花期、果期、果色等观赏效果优先选择。

按照树干形态和树冠姿态观赏，选用华山松、白皮松、栓皮栎、鹅耳枥、构树、刺槐等；按照叶色观赏，选用大叶女贞、五角枫、枫香、石楠、紫叶李、茶条槭、黄栌等；按照花期和花色观赏，选用栾树、合欢、泡桐、楸树、碧桃、樱花、木槿、紫薇等；按照果期和果色，选用柿树、山楂、石榴、酸枣、山杏、山丁子等。

还可以根据植物的某一突出观赏特点来选择，包括四季常绿、早春开花、夏季冠大荫浓、秋景彩叶等，如：按照四季常绿的要求，选用侧柏、圆柏大叶女贞等；按照早春开花的要求，选用金缕梅、海棠、连翘等；按照夏季冠大浓郁的要求，选用栾树、合欢、梧桐、柿树等；按照秋景彩叶的要求，选用五角枫、茶条槭、黄栌等。

同时要采用多树种交替配置，针阔混交，乔灌结合，注重形态和色彩的变换，形成多姿多彩的景观。最终确定主要树种如下。

常绿乔木：侧柏、圆柏、白皮松、油松、华山松、大叶女贞等。

落叶乔木：枫杨、核桃、槲栎、锐齿栎、栓皮栎、麻栎、榆树、构树、桑树、元宝枫、五角枫、枫香、合欢、皂荚、刺槐、槐树、臭椿、楝树、黄连木、栾树、梧桐、柿树、白蜡、泡桐、梓树、楸树、黄金树等。

常绿小乔木/灌木：红叶石楠、铺地柏、十大功劳、沙地柏、南天竹、火棘等。

落叶小乔木/灌木：山杏、山楂、碧桃、山丁子、海棠、红叶李、黄栌、樱花、茶条槭、石榴、紫薇、金缕梅、化香、悬钩子、蔷薇、胡枝子、木槿、紫穗槐、锦鸡儿、酸枣、红瑞木、连翘、荆条、金银花、绣线菊、牡丹、月季等。

草本植被：鸢尾、蜀葵、芍药、景天三七、地被菊、二月蓝、波斯菊、狼尾草、麦冬、羊胡子草、结缕草、苇状羊茅、高羊茅、野牛草等。

（2）道路景观植物选择

万安山山体绿化恢复区域内的现状道路分为主干道和次干道。主干道植物景观采用分段绿化的方式进行自然式栽植,每段选择常绿植物与落叶乔木相搭配。如常绿的侧柏、圆柏;落叶的合欢、栾树、臭椿、梧桐、黄连木等树种。为增加遮阴和绿化美化的效果,在山顶游览线的两侧适当点缀黄栌、紫叶李、金银木、山杏、碧桃、紫穗槐等花灌木和小乔木。

次干道以山体原有自然植被为主,间隔搭配紫叶李、黄栌、红瑞木、金缕梅等色叶及香花树种,增加植物景观丰富度。

(3) 景点优化植物选择

在各景区景点植物配置优化上采用"乔木+花灌木+地被"三层模式,其中乔木选择以常绿搭配春花、秋叶树种为主,花灌木选择以观叶、观花及芳香植物为主,地被以不同花期草本为主,使各季均有景可赏。景点植物配置整体打造春夏观花、秋观叶观果、冬观枝的意境。

3. 观赏特征选择

(1) 乔木观赏特征

常绿乔木以针叶松柏为主,全年观叶观姿态,另配有大叶女贞,形成常绿针阔混交景观效果。

落叶乔木以本土树种栎树、槐树、臭椿、皂荚等为基调树种,以经济林树种如核桃、柿树为辅助树种,并以花灌木配植在林下空间,增加植物层次感。另配植适宜本地生长的花灌木和小乔木,如樱花、栾树、山桃,增加景观四季可观性(表4-5)。

表4-5 主要乔木观赏特征分析表

植物名称	植物类型	观赏特性	花期	色相	1~2月	3~4月	5~6月	7~8月	9~10月	11~12月
华山松	常绿乔木	观叶、观姿态、观枝		深绿色						
白皮松	常绿乔木	观叶、观姿态		深绿色						
油松	常绿乔木	观姿态		深绿色						
侧柏	常绿乔木	观姿态		绿色						
圆柏	常绿乔木	观叶、观姿态		深绿色						
大叶女贞	常绿乔木	观叶		绿色						
枫杨	落叶乔木	观姿态		绿色						
核桃	落叶乔木	观姿态	4~5月	绿色						
榭栎	落叶乔木	观叶	4~5月	翠绿色						
锐齿栎	落叶乔木	观姿态	3~4月	翠绿色						
栓皮栎	落叶乔木	观姿态	3~5月	翠绿色						
麻栎	落叶乔木	观姿态	3~6月	翠绿色						

（续）

植物名称	植物类型	观赏特性	花期	色相	1~2月	3~4月	5~6月	7~8月	9~10月	11~12月
榆树	落叶乔木	观姿态	3月	绿色		●				
构树	落叶乔木	观姿态	4~5月	绿色		●	●			
桑树	落叶乔木	观姿态、观果	5月	绿色、紫色			●			
元宝枫	落叶乔木	观叶	4~5月	黄色或红色		●	●		●	●
五角枫	落叶乔木	观叶	4~5月	亮黄色或红色		●	●		●	●
枫香	落叶乔木	观叶		红艳色或深黄色					●	●
合欢	落叶乔木	观姿态、观花	6~7月	粉红色			●	●		
皂荚	落叶乔木	观叶	4~5月	绿色		●	●			
刺槐	落叶乔木	观姿态		绿色			●	●		
槐树	落叶乔木	观姿态	5~7月	绿色			●	●		
臭椿	落叶乔木	观姿态、观果	4~5月	红色		●	●			
楝树	落叶乔木	观花、观姿态	4~5月	淡紫色		●	●			
黄连木	落叶乔木	观枝、观果、观姿态	4~5月	橙红色或橙黄		●	●		●	
栾树	落叶乔木	观叶、观花、观果	6~7月	黄色			●	●		
梧桐	落叶乔木	观姿态	6~7月	绿色			●	●		
柿树	落叶乔木	观果	8~11月	黄色或橙红色				●	●	●
白蜡	落叶乔木	观叶、观姿态	4~5月	鲜绿色、橙黄		●	●			
泡桐	落叶乔木	观花	4~5月	淡紫色、白色		●	●			
梓树	落叶乔木	观姿态	5~6月	绿色			●			
楸树	落叶乔木	观花、观果、观叶、观姿态	4~5月	淡紫色		●	●			
黄金树	落叶乔木	观叶、观姿态	5~6月	绿色			●			

（2）小乔木及灌木观赏特征

小乔木选择上分为常绿和落叶。常绿选择刺柏等本土树种，落叶选择山杏、碧桃、山丁子等花果树种，与大型乔木相辅相成。

灌木选择上也分为常绿和落叶，常绿如铺地柏和沙地柏观叶、观姿态；南天竹和火棘观叶、观果、观花。落叶如本土已有的蔷薇、紫穗槐，搭配上观花的木槿和观果的悬钩子，增加植物景观的多样性（表4-6）。

表4-6 主要小乔木及灌木观赏特征分析表

植物名称	植物类型	观赏特性	花期	色相	1~2月	3~4月	5~6月	7~8月	9~10月	11~12月
山杏	落叶小乔木	观叶、观果	3~5月	粉红色						
山楂	落叶小乔木	观枝、观果	5~6月	深红色、紫褐色						
碧桃	落叶小乔木	观枝、观果	3~5月	粉红色						
山丁子	落叶小乔木	观花、观枝、观果、观姿态	4~6月	红色或黄色						
海棠	落叶小乔木	观花、观枝、观果、观姿态	3~4月	粉红色或紫色						
红叶李	落叶小乔木	观叶、观花	4~5月	白色、紫色						
樱花	落叶小乔木	观叶、观花	3~4月	白色或粉红色						
榆叶梅	落叶小乔木	观叶、观花	3~5月	粉红色						
黄栌	落叶小乔木	观叶、观花	4~5月	淡紫色，红色						
龙爪槐	落叶小乔木	观姿态、观叶	3~4月	绿色						
鸡爪槭	落叶小乔木	观叶	4月	红色						
玉兰	落叶小乔木	观叶、观花	3~5月	白色或淡紫红色						
盐肤木	落叶小乔木	观叶	7~8月	红色						
茶条槭	落叶小乔木	观叶、观果	5~6月	红色						
石榴	落叶小乔木	观花、观果	5~7月	红色						
毛叶丁香	落叶小乔木	观花	4~5月	淡紫色						
紫薇	落叶小乔木	观花	6~9月	淡粉色						
悬钩子	落叶小乔木	观果	6月	鲜红色						
淡竹	中型竹	观叶、观姿态		绿色						
红叶石楠	常绿灌木	观叶、观果	4~5月	红色						
铺地柏	常绿灌木	观姿态、观叶		绿色						
十大功劳	常绿灌木	观叶、观花、观果	9月	黄色，蓝黑色						
沙地柏	常绿灌木	观姿态、观叶		绿色						

（续）

植物名称	植物类型	观赏特性	花期	色相	1~2月	3~4月	5~6月	7~8月	9~10月	11~12月
南天竹	常绿灌木	观叶、观果、观花	4~6月	红色						
火棘	常绿灌木	观叶、观花果	5月	白色、鲜红色						
蔷薇	落叶灌木	观姿态、观花	5~6月	淡粉红色						
胡枝子	落叶灌木	观花	7~8月	紫红色						
木槿	落叶灌木	观花	6~10月	粉色						
金缕梅	落叶灌木	观花	2月	金黄色						
紫穗槐	落叶灌木	观姿态、观叶	5~7月	绿色						
锦鸡儿	落叶灌木	观姿态、观花	4~5月	红色或黄色						
棣棠	落叶灌木	观姿态、观花	4~6月	金黄色						

（3）草本植物观赏特征

草本植物着重布置在景点周边，以多年生易养护的草本植物为主。选用的草本植物在春季花色以蓝紫色调为主，在夏季以粉色、黄色、绿色为主，地被的花色冷暖色与季相变化相统一（表4-7）。

表4-7　主要草本植物观赏特征分析表

植物名称	植物类型	观赏特性	花期	色相	1~2月	3~4月	5~6月	7~8月	9~10月	11~12月
酸枣	落叶灌木	观果、姿态	5~6月	红色						
红瑞木	落叶灌木	观枝	5~6月	红色						
小叶女贞	落叶或半常绿灌木	观叶、观花	5~7月	白色						
连翘	落叶灌木	观花	4月	金黄色						
荆条	落叶灌木	观花	6~8月	蓝紫色						
金银花	落叶灌木	观花	7~8月	紫红色						
绣线菊	落叶灌木	观花	6~9月	白色						
牡丹	落叶灌木	观花	4~5月	多色						
月季	落叶灌木	观花	5~11月	多色						
爬山虎	藤本	观叶	6月	绿色、红色						

(续)

植物名称	植物类型	观赏特性	花期	色相	1~2月	3~4月	5~6月	7~8月	9~10月	11~12月
凌霄	藤本	观花	6~8月	橙红色						
杠柳	藤本	观花	4~5月	紫色						
鸢尾	草本植被	观叶、观花	6~8月	蓝紫色						
蜀葵	草本植被	观叶、观花	6~8月	粉色						
芍药	草本植被	观花	5~6月	粉色						
景天三七	草本植被	观叶、观花	6~7月	黄色						
地被菊	草本植被	观花、观叶	9~11月	黄色						
二月蓝	草本植被	观花	4~5月	蓝紫色						
橐吾	草本植被	观花	7~10月	黄色						
波斯菊	草本植被	观花	6~8月	多色						
酢浆草	草本植被	观花	7~8月	粉色						
狼尾草	草本植被	观叶、观花	6~7月	淡绿色						
麦冬	草本植被	观叶、观花果	7~8月	浅紫色或青蓝色						
羊胡子草	草本植被	观叶		绿色						
结缕草	草本植被	观叶		绿色						
苇状羊茅	草本植被	观叶		绿色						
高羊茅	草本植被	观叶		绿色						
野牛草	草本植被	观叶		绿色						

4.6.2 群落配置

群落配置采用分类分级的方式进行布局，在景观分区基础上，结合11种立地类型，对万安山11km²区域进行植被恢复设计。设计提出13种一级植物群落配置方式，包括山体观赏面植物群落、城市景观轴植物群落、百花丰果区植物群落、华山松涛植物群落、景观节点植物群落、滑道主题区植物群落、运动背景区植物群落、万安论道区植物群落、林果体验区植物群落、道路线型植物群落、陡坡阴坡植物群落、极陡坡植物群落、保留并改善现状植被等；在一级植物群落配置基础上细化，得出17种二级植物群落配置方式，包括核桃园区域—缓中坡中厚土区、非核桃园区域—缓中坡中厚土区、非核桃园区域—缓中坡薄土区等。每种配置方式落实到具体的植物种类、配置比例、种植方式等，以保证设计方案的落地性和实操性。对于现状植被情况非常好的区域，直接予以保留并加强后期养护；对于重要景观节点及周边区域，根据景点类型单独进行植物景观设计（图4-21、图4-22）。

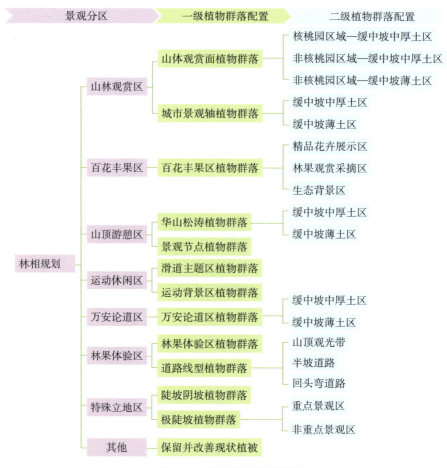

图4-21 林相规划思维导图

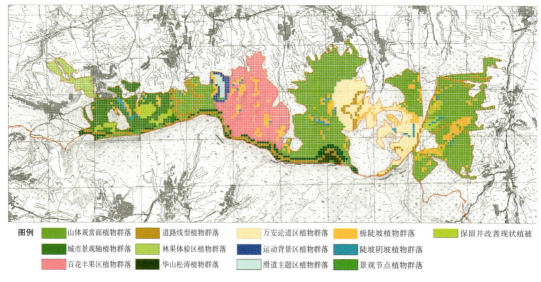

图4-22 林相规划总平面图

1. 山体观赏面植物群落

山体观赏面根据现状植被情况、立地条件进一步划分为3种类型分别进行植被恢复设计，分别为核桃园区域—缓中坡中厚土区、非核桃园区域—缓中坡中厚土区和非核桃园区域—缓中坡薄土区（图4-23）。

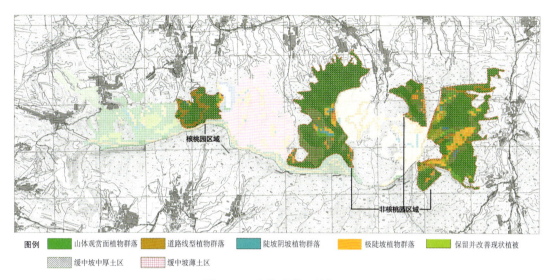

图4-23　山体观赏面林相图

（1）核桃园区域—缓中坡中厚土区

此区位于山林观赏区的西侧，现状以核桃园为主，对其改造措施是保留大部分核桃树，对规格过小、长势不良的进行适当疏减，在林间补充矮层的色叶灌木树种（表4-8）。

配置模式

核桃（60%）+黄栌（30%）+紫穗槐（10%）

保留核桃树占比60%，根据核桃生长需要较大空间并且会影响其他乔木生长的特性，在核桃林下搭配种植灌木的黄栌和紫穗槐，占比共40%。黄栌秋季红叶，紫穗槐夏季紫花，装扮山林色彩，并能防止水土流失和改良土壤（表4-8）。

表4-8　核桃园区域—缓中坡中厚土区植物种植表

树种	比例（%）	株/亩	株距（m）	行距（m）	株/m²
核桃	60	36	3~5	3~5	/
黄栌	30	36	3~4	2~4	/
紫穗槐	10	71	0.8~1.2	0.8~1.2	/

植物特性

黄栌：重要的观赏红叶树种，耐干旱贫瘠的造林树种。

紫穗槐：枝叶繁密，夏季可以赏花；根部有根瘤，可改良土壤，保持水土。

种植方式

在株行距控制范围内采用自然式组团种植方式（图4-24、图4-25）。

图4-24　核桃园区域—缓中坡中厚土区植物种植示意图1

图4-25　核桃园区域—缓中坡中厚土区植物种植示意图2

（2）非核桃园区域—缓中坡中厚土区

此区即山体观赏面中无核桃林的缓中坡中厚土区域。采用常绿+落叶、乔木+灌木的方式进行配置，使得冬季有常绿、秋季有彩叶（表4-9）。

配置模式

侧柏（60%）+黄栌（30%）+胡枝子（10%）

侧柏与黄栌是林相改造常用的搭配组合，能够形成优美的山林景观。60%的侧柏能够保证冬季山林常绿的效果，30%的黄栌调节山林色彩，10%的胡枝子增加山林郁闭度，保持水土并改良土壤。

表4-9　非核桃园区域—缓中坡中厚土区植物种植表

树种	比例（%）	株/亩	株距（m）	行距（m）	株/m²
侧柏	60	71	3～5	2～4	/
黄栌	30	36	3～4	2～4	/
胡枝子	10	71	0.8～1.2	0.8～1.2	/

植物特性

侧柏：常绿乔木，冬季依然具有观赏效果。

黄栌：重要的观赏红叶树种，耐干旱贫瘠的造林树种。

胡枝子：生长快，适于坡地生长；紫色花，夏季花期效果好；具有生态固氮、改良土壤、保持水土的作用。

种植方式

在株行距控制范围内采用自然式组团种植方式（图4-26、图4-27）。

图4-26　非核桃园区域—缓中坡中厚土区植物种植示意图1

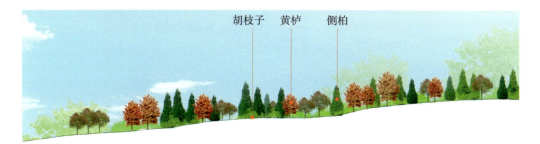

图4-27　非核桃园区域—缓中坡中厚土区植物种植示意图2

（3）非核桃园区域—缓中坡薄土区

山体观赏面中无核桃林的缓坡薄土区域，土层较薄，要求植物的生长力较强，故主要采用耐瘠薄性较好的树种进行绿化恢复（表4-10）。

配置模式

侧柏（50%）+黄连木（20%）+山楂（15%）+紫穗槐（15%）

表4-10 非核桃园区域—缓中坡薄土区植物种植表

树种	比例（%）	株/亩	株距（m）	行距（m）	株/m²
侧柏	50	59	3~5	2~4	/
黄连木	20	24	3~5	2~4	/
山楂	15	19	3~5	2~4	/
紫穗槐	15	71	0.8~1.2	0.8~1.2	/

植物特性

侧柏：常绿乔木，冬季依然具有观赏效果。

黄连木：树冠开阔，叶繁茂秀丽，入秋变鲜红色或橙红色，耐干旱瘠薄。

山楂：花白色，果红色，5~10月观赏效果极佳。

紫穗槐：枝叶繁密，夏季可以赏花；根部有根瘤，可改良土壤，保持水土。

种植方式

在株行距控制范围内采用自然式组团种植方式（图4-28、图4-29）。

图4-28 非核桃园区域—缓中坡中厚土区植物种植示意图1

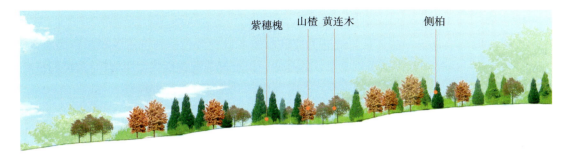

图4-29 非核桃园区域—缓中坡中厚土区植物种植示意图2

2. 城市景观轴植物群落

此区域位于洛阳伊滨新区规划的城市景观轴延伸线上,根据现状立地条件等因素将其进一步划分为缓中坡中厚土区和缓中坡薄土区(图4-30)。

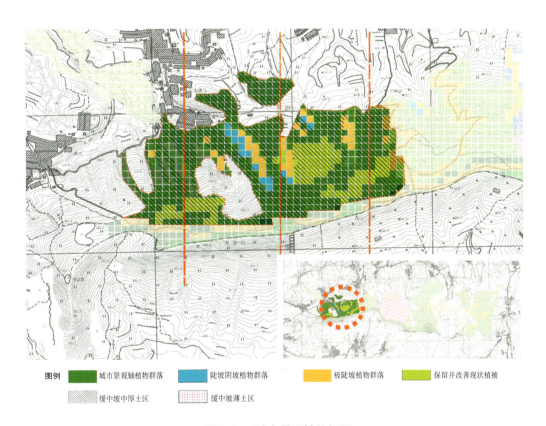

图4-30 城市景观轴林相图

城市景观轴计划营造特色鲜明的红叶景观植物群落,形成"层林尽染"的壮美景象,给人以深刻印象。根据万安山实际情况,精选红叶植物黄栌,为保障冬季景观效果配置一定比例的常绿树种侧柏。

(1) 缓中坡中厚土区

为呼应城市景观轴，在其延长线所对应的山体上设置特色植物群落景观区作为对景。为了配合周边的山体观赏面植被恢复设计的基调，植物群落配置继续沿用侧柏+黄栌的搭配组合，同时为了凸显该区域的与众不同，在配置比例上进行调整（表4-11）。

配置模式

侧柏（50%）+黄栌（40%）+紫穗槐（10%）

此区继续沿用侧柏+黄栌的搭配组合，同时为了凸显该区域，调整植物的配置比例，侧柏占比50%，黄栌比例增至40%，搭配10%的紫穗槐。

表4-11 缓中坡中厚土区植物种植表

树种	比例（%）	株/亩	株距（m）	行距（m）	株/m²
侧柏	50	59	3～5	2～4	/
黄栌	40	48	3～5	2～4	/
紫穗槐	10	71	0.8～1.2	0.8～1.2	/

种植方式

在株行距控制范围内采用自然式组团种植方式（图4-31、图4-32）。

图4-31 缓中坡中厚土区植物种植示意图1

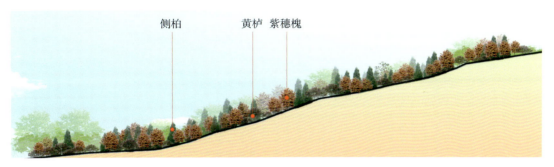

图4-32　缓中坡中厚土区植物种植示意图2

（2）缓中坡薄土区

在薄土层区域，用生长力较强、耐瘠薄性较强的刺槐替换黄栌，既遵循适地适树原则，又保证了同一功能区植物景观的统一性（表4-12）。

配置模式

侧柏（50%）+刺槐（30%）+紫穗槐（20%）

为了配合整体基调，群落配置用生长力更强、耐瘠薄性更强的刺槐替换黄栌，同时为了使同一功能区植物协调一致，在灌木选择及配置比例上稍做调整，侧柏占比50%，刺槐比例减至30%，搭配20%的紫穗槐。使植物配置整体统一，又不失变化。

表4-12　缓中坡薄土区植物种植表

树种	比例（%）	株/亩	株距（m）	行距（m）	株/m²
侧柏	50	59	3～5	2～4	/
刺槐	30	36	3～5	2～4	/
紫穗槐	20	139	0.8～1.2	0.8～1.2	/

图4-33　缓中坡薄土区植物种植示意图1

种植方式

在株行距控制范围内采用自然式组团种植方式（图4-33、图4-34）。

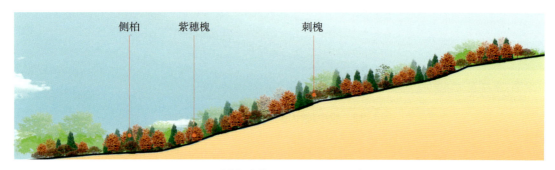

图4-34 缓中坡薄土区植物种植示意图2

3. 百花丰果区植物群落

百花丰果区包括精品花卉区、林果观赏采摘区和生态背景区3个小区。

在3种植被小区的基础上，根据不同的景观节点进行具体的植物配置，形成"景观点+景观点外围+分区背景"3种圈层种植模式。其中：景观点即主题园区形成的点，如牡丹园、芍药园、香草园、山楂园等；景观点外围即紧密环绕在景观节点外部的圈层，也是未来访客走在游步道上的重要观赏面，结合景点主题进行植物设计；分区背景即3种植被小区的背景林，位于景观点外围的区域（图4-35、图4-36）。

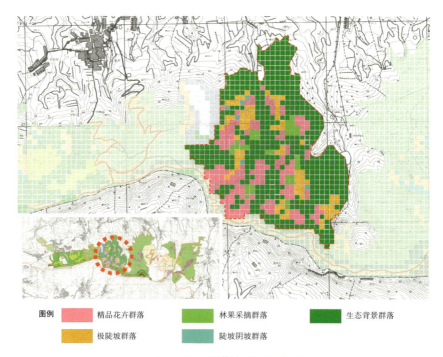

图4-35 百花丰果区林相图

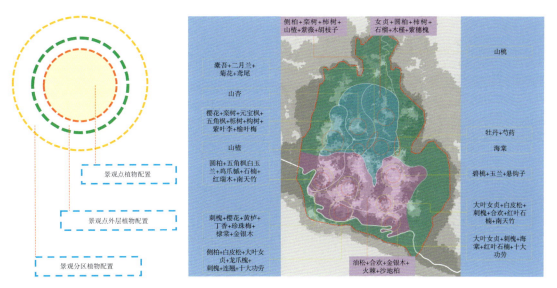

图4-36 圈层种植模式示意图（左）和整体布局设计图（右）

（1）精品花卉展示区

配置模式（表4-13）

油松（20%）+合欢（10%）+金银木（30%）+火棘（20%）+沙地柏（20%）

表4-13 精品花卉展示区植物种植表

树种	比例（%）	株/亩	株距（m）	行距（m）	株/m²
油松	20	5	3~5	3~4	/
合欢	10	25	3~5	2~4	/
金银木	30	25	3~5	2~4	/
火棘	20	10000	/	/	25
沙地柏	20	10000	/	/	25

植物特性

油松：常绿乔木，树干挺拔苍劲，大枝平展或斜向上，老树平顶，树形优美。

合欢：落叶乔木，夏季开花，花粉红色。耐瘠薄土壤和干旱气候。

金银木：落叶灌木，花冠先白色后变黄色，果实暗红色秋冬季悬挂枝头。

火棘：常绿灌木，果橘红色，耐贫瘠，抗干旱，耐寒。

沙地柏：常绿灌木，生长力较强，在极陡坡环境中能较好生长。

种植方式

在株行距控制范围内采用自然式组团种植方式。

（2）林果观赏采摘区

配置模式（表4-14）

圆柏（20%）+柿树（30%）+女贞（10%）+石榴（20%）+木槿（10%）+紫穗槐（10%）

表4-14 林果观赏采摘区植物种植表

树种	比例（%）	株/亩	株距（m）	行距（m）	株/m²
圆柏	20	48	3～5	2～4	/
柿树	30	36	3～5	3～5	/
女贞	10	36	3～5	2～4	/
石榴	20	71	0.8～1.2	0.8～1.2	/
木槿	10	71	0.8～1.2	0.8～1.2	/
紫穗槐	10	71	0.8～1.2	0.8～1.2	/

植物特性

圆柏：常绿乔木，耐干旱瘠薄，树形优美。

柿树：落叶乔木，果实观赏性高。

女贞：常绿乔木，枝叶茂密，树形整齐，耐寒性好。

石榴：落叶小乔木，花多红色，也有白色和黄色、粉红色等。

木槿：花似锦葵，颜色多样，夏季开花，花期较长。

紫穗槐：枝叶繁密，夏季可以赏花；根部有根瘤，可改良土壤，保持水土。

种植方式

在株行距控制范围内采用自然式组团种植方式。

（3）生态背景区

以侧柏、柿树、山楂等本土树种为主，同时点缀适量紫薇、黄栌、化香、胡枝子等观花、观叶树种。冬赏侧柏，夏赏紫薇，秋赏山楂、柿树等，使背景区四季皆有景可赏（表4-15）。

配置模式

侧柏（20%）+柿树（20%）+栾树（10%）+山楂（30%）+紫薇（10%）+胡枝子（10%）

表4-15 生态背景区植物种植表

树种	比例（%）	株/亩	株距（m）	行距（m）	株/m²
侧柏	20	48	3～5	2～4	/
柿树	30	36	3～5	3～5	/
栾树	10	36	3～5	3～5	/
山楂	20	19	3～5	2～4	/
紫薇	10	71	0.8～1.2	0.8～1.2	/
胡枝子	10	139	0.8～1.2	0.8～1.2	/

植物特性

侧柏：常绿树种，耐干旱瘠薄土壤。

柿树：落叶乔木，果实观赏性高。

栾树：落叶乔木，花黄色，果实紫红，形似灯笼，抗风能力较强。

山楂：落叶乔木，果实红色观赏性高。

紫薇：落叶乔木，树姿优美，树干光滑洁净，花色艳丽，花期长。

胡枝子：生长快，适于坡地生长；紫色花，夏季花期效果好；具有生态固氮、改良土壤、保持水土的作用。

种植方式

在株行距控制范围内采用自然式组团种植方式（图4-37、图4-38）。

图4-37　百花丰果区植物种植示意图1

图4-38　百花丰果区植物种植示意图2

4. 华山松涛植物群落

华山松涛位于山顶游憩区的东部,是整个设计范围内的最高点所在地。周边分布着多处道家建筑遗迹,结合景点蕴含的道家文化和地形条件,以华山松涛为植物群落主题。根据立地类型又可进一步细分为缓中坡中厚土区和缓中坡薄土区(图4-39)。

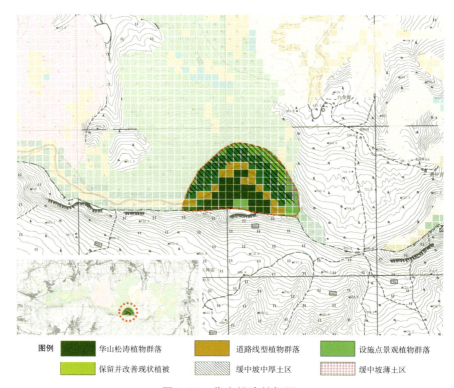

图4-39 华山松涛林相图

(1)缓中坡中厚土区

华山松涛缓中坡中厚土区域,规划以观赏松柏林为主题,在重要景观节点以点睛的方式配置华山松,并和栎树混交(表4-16)。

配置模式

侧柏(40%)+华山松(10%)+槲栎(20%)+锦鸡儿(30%)

表4-16 缓中坡中厚土区植物种植表

树种	比例(%)	株/亩	株距(m)	行距(m)	株/m²
侧柏	40	48	3~5	2~4	/
华山松	10	9	3~5	3~4	/
槲栎	20	25	3~5	2~4	/
锦鸡儿	30	207	0.8~1.2	0.8~1.2	

植物特性

侧柏：常绿乔木，冬季依然具有观赏效果。

华山松：松科中著名的常绿乔木，树冠广圆锥形，观赏效果极佳。

榭栎：叶形奇特、美观，为著名观叶树种。

锦鸡儿：春季可观花，较能适应陡坡阴坡的立地条件。

种植方式

在株行距控制范围内采用自然式组团种植方式。应营造与之相匹配的土壤、水分、光照等生长条件（图4-40、图4-41）。

图4-40　缓中坡中厚土区植物种植示意图1

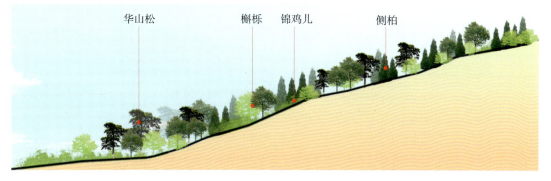

图4-41　缓中坡中厚土区植物种植示意图2

（2）缓中坡薄土区

缓中坡薄土区，以桑树、沙地柏替换榭栎、锦鸡儿，使植物景观在统一中不失变化（表4-17）。

配置模式

侧柏（40%）+华山松（10%）+桑树(20%)+铺地柏(30%)

表4-17　缓中坡薄土区植物种植表

树种	比例（%）	株/亩	株距（m）	行距（m）	株/m²
侧柏	40	48	3~5	2~4	/
华山松	10	9	3~5	3~4	/
桑树	20	25	3~5	2~4	/
铺地柏	30	207	0.8~1.2	0.8~1.2	

植物特性

桑树：树冠为倒卵圆形，果实紫色，观赏效果极佳。

铺地柏：常绿小灌木，枝茂密柔软，耐瘠薄干旱。

种植方式

在株行距控制范围内采用自然式组团种植方式（图4-42、图4-43）。

图4-42　缓中坡薄土区植物种植示意图1

图4-43　缓中坡薄土区植物种植示意图2

5. 景观节点植物群落

万安山主山体的山脊线以北区域，未来计划建造万安山山顶公园，以进一步提升万安山的生态环境，打造优质景观资源的基础设施，满足洛阳市民城郊旅游的需求。山顶公园预设沿山脊线坡顶设置一条游览主线，串联起沿线的多个景观节点。故对于重要景观节点及周边区域，以留白为主，为山顶公园植被景观的进一步营造预留空间。在山顶公园具体设计阶段，根据景点类型单独进行植物景观设计，结合景点主题，注重乡土树种的选择。

6. 滑道主题区植物群落

万安山主山体的山脊线以北区域，未来计划建造万安山山顶公园，以进一步提升万安山的生态环境，打造优质景观资源的基础设施，满足洛阳市民城郊旅游的需求。山顶公园预设沿山脊线坡顶设置一条游览主线，串联起沿线的多个景观节点。故对于重要景观节点及周边区域，以留白为主，以为山顶公园植被景观的进一步营造预留空间。在山顶公园具体设计阶段，根据景点类型单独进行植物景观设计，结合景点主题，注重乡土树种的选择。

根据滑雪场的特点，在滑道区种植草本植物，包括结缕草、苇状羊茅、高羊茅、野牛草等，防止水土流失，同时拓展了场地的使用功能，实现冬季可滑雪，夏季可滑草的双重功能（图4-44）。

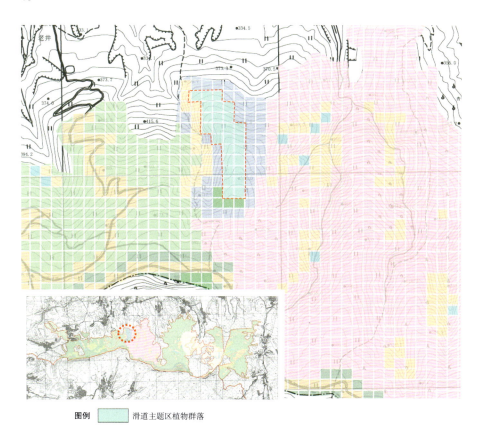

图4-44 滑道主题区林相图

配置模式

结缕草+苇状羊茅+野牛草等

植物特性

结缕草：适应性强，耐旱、耐阴。

苇状羊茅：适应性广泛，能在多种气候和生态环境中生长，抗寒、耐旱。

野牛草：匍匐茎广泛延伸，能结成厚密的草皮。

7. 运动区背景植物群落

在滑雪场外围区域，配合滑道主题区进行植物配置。滑雪场背景植物群落配置主要兼顾秋、冬季景观效果。以常绿树种为主，搭配秋季色叶树种和冬季观姿、观色乔灌木（图4-45）。

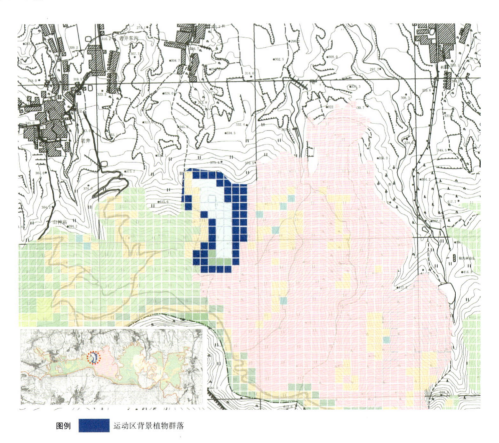

图4-45　运动区背景林相图

配置模式

圆柏（40%）+华山松（5%）+黄栌（20%）+胡枝子（20%）+红瑞木（15%）

占比40%的圆柏保证了背景林的常绿特点，5%的华山松在个别视觉焦点处作为点缀，20%的黄栌兼顾了林相的秋季彩色效果，20%的胡枝子增加山林的郁闭度并起到保持水土和改良土壤的作用，10%的红瑞木在冬季呈现红色，与白雪形成鲜明的对比呼应，增强景观效果（表4-18）。

表4-18 运动区背景植物种植表

树种	比例（%）	株/亩	株距（m）	行距（m）	株/m²
圆柏	40	48	3~5	2~4	/
华山松	5	5	3~5	3~4	/
黄栌	20	25	3~5	2~4	/
红瑞木	15	2500	/	/	25
胡枝子	20	139	0.8~1.2	0.8~1.2	/

植物特性

圆柏：常绿树种，耐干旱瘠薄土壤。

华山松：松科中著名的常绿乔木，树冠广圆锥形。

黄栌：重要的观赏红叶树种，耐干旱贫瘠的造林树种。

胡枝子：生长快，适于坡地生长，不仅能起到观花的景观效果，还能起到生态固氮、水土保持的作用。

红瑞木：老干暗红色，枝丫血红色，枝干观赏效果极佳。

种植方式

在株行距控制范围内采用自然式组团种植方式（图4-46、图4-47）。

图4-46 运动区背景植物种植示意图1

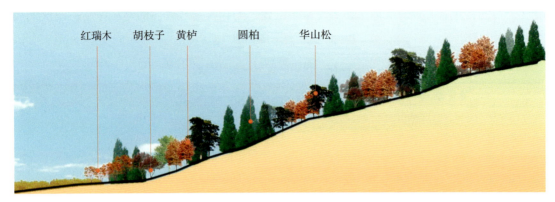

图4-47 运动区背景植物种植示意图2

8. 万安论道区植物群落

万安论道区根据立地类型，进一步划分为缓中坡中厚土区域和缓中坡薄土区域（图4-48）。

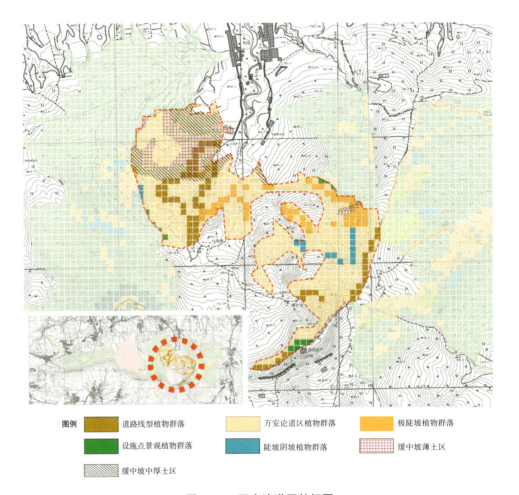

图例　道路线型植物群落　　万安论道区植物群落　　极陡坡植物群落
　　　设施点景观植物群落　　陡坡阴坡植物群落　　　缓中坡薄土区
　　　缓中坡中厚土区

图4-48 万安论道区林相图

（1）缓中坡中厚土区

万安论道区以体验道家文化为主题，因为现有植被情况相对较好，故植物群落配置上以原有植物为主，增加部分常绿树种，营造清幽的意境，体现道家清修、洒脱的情怀。另搭配春季花灌木和秋季色叶树种，形成四季色彩点缀，赋予山体灵气（图4-19）。

配置模式

白皮松（30%）+圆柏（40%）+五角枫（20%）+木槿（10%）

表4-19 缓中坡中厚土区植物种植表

树种	比例（%）	株/亩	株距（m）	行距（m）	株/m²
白皮松	30	36	3~5	2~4	/
圆柏	40	48	3~5	2~4	/
五角枫	20	25	3~5	2~4	/
木槿	10	71	0.8~1.2	0.8~1.2	

植物特性

白皮松：常绿乔木，耐干旱，树形多姿，苍翠挺拔，树干观赏效果极佳。
圆柏：常绿乔木，耐干旱瘠薄，树形优美。
五角枫：叶形优美，秋季变为亮黄色或红色。
木槿：花似锦葵，颜色多样，夏季开花，花期较长。

种植方式

在株行距控制范围内采用自然式组团种植方式（图4-49、图4-50）。

图4-49 缓中坡中厚土区植物种植示意图1

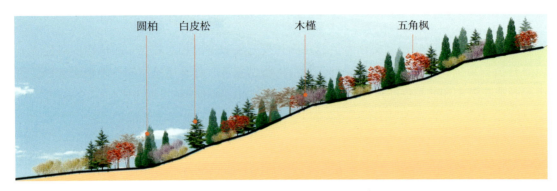

图4-50　缓中坡中厚土区植物种植示意图2

（2）缓中坡薄土区

整体与缓中坡中厚土区的植物群落相统一，考虑薄土层区土质瘠薄，遵循适地适树原则，以山楂和紫薇替换部分树种（表4-20）。

配置模式

侧柏（40%）+栓皮栎（30%）+山楂（10%）+紫薇（20%）

表4-20　山体观赏面核桃园区域—缓中坡中厚土区植物种植表

树种	比例（%）	株/亩	株距（m）	行距（m）	株/m²
侧柏	40	48	3~5	2~4	/
栓皮栎	30	36	3~5	3~4	/
山楂	10	25	3~5	2~4	/
紫薇	20	71	0.8~1.2	0.8~1.2	/

植物特性

栓皮栎：对气候、土壤适应能力强，萌芽力强，寿命长。

山楂：花白色，果红色，5~10月观赏效果较佳。

紫薇：耐旱，花期长，花朵繁密，色彩鲜艳。

种植方式

在株行距控制范围内采用自然式组团种植方式（图4-51、图4-52）。

图4-51 缓中坡薄土区植物种植示意图1

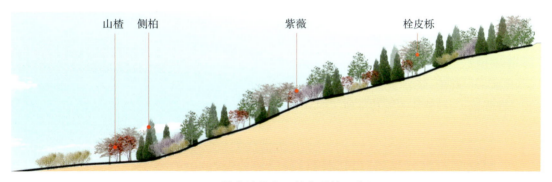

图4-52 缓中坡薄土区植物种植示意图2

9. 林果体验区植物群落

林果体验区的植物品种设置根据具体生产需求而定，主要果树品种选择有山楂、柿子、樱桃等，搭配葡萄、杏、核桃等。具体栽植树种由当地农民或土地承包者自主选择。

10. 道路线型植物群落

根据道路所在区域、道路线型等，将整个设计范围内的道路绿化划分为3种类型，即山顶观光带道路绿化、半坡道路绿化、回头弯道路绿化，分别进行植物群落配置（图4-53）。

图例 ○ 典型道路类型　　■ 道路线型植物群落

图4-53　道路线型林相图

（1）山顶观光带道路

山顶观光带道路即南部山脊的山顶游憩区的主干道，可供车行，整体长达11km。

①行道树配置

道路两侧行道树设置了两种模式，两种模式每隔2km交替出现。

配置模式

模式一：圆柏+紫叶李

3棵圆柏＋2棵紫叶李交替种植（图4-54）

图4-54　山顶观光带行道树模式一植物种植示意图

模式二：槐树+山杏
3棵槐树＋2棵山杏交替种植（图4-55）

图4-55　山顶观光带行道树模式二植物种植示意图

②道旁植物景观区配置

山顶观光带道路两侧绿化空间宽窄不一，设计在较宽的地方采用开敞式配置方式，使整条观光带沿线的局部可以打开视线，增加景观丰富度。另外，植物配置应注重访客在道路上观看的视觉感受，在道路沿线局部较宽的部分，植物配置由道路边缘向外呈现由低到高的层递式配置。近景使用低矮的草花，其后为灌木，然后为小乔木，最后是乔木，使人感受到亲近怡人的景观氛围（图4-56）。

道旁植物景观区也设计了两种植物配置模式，具体如下。

图4-56　山顶观光带道旁植物景观区种植示意图

配置模式

模式一：侧柏（20%）+大叶女贞（30%）+五角枫（20%）+石榴（10%）+石楠（20%）

模式二：圆柏（20%）+栾树（20%）+紫叶李（30%）+榆叶梅（10%）+连翘（10%）+铺地柏（10%）

（2）半坡道路

对于一侧紧邻斜坡的道路，由于斜坡通常会对人造成一定压迫感，所以通过变换植物缓解压迫感，将行道树更换为观花、观叶特色突出的小乔木或者灌木，外层植物补植大型乔木作为背景林，形成近低远高的层次感。大乔木选用侧柏、圆柏、合欢、栾树、泡桐、臭椿等，小乔木选用金缕梅、丁香、紫叶李、茶条槭等。

配置模式

模式一（主、次干道）：臭椿+黄栌+丁香+铺地柏+茶条槭（图4-57）

模式二（支路）：臭椿+合欢+栾树+紫叶李+金缕梅+红瑞木+臭椿（图4-58）

除以上典型配置外，还可以替换某些树种，在斜坡种植地被花卉，形成沿线更加丰富多变的植物景观（表4-21）。

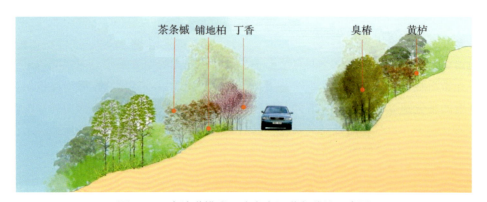

图4-57 半坡道模式一（主次干道）种植示意图

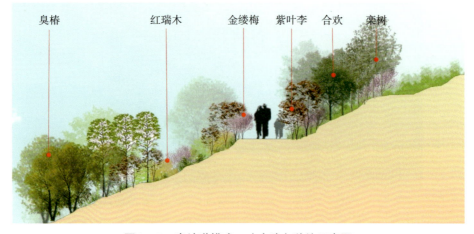

图4-58 半坡道模式一（支路）种植示意图

表4-21 半坡道路植物一览表

树种类型		植物名称
大乔木	常绿	侧柏、圆柏
	落叶	合欢、栾树、泡桐、臭椿、梧桐、黄连木
小乔木	常绿	
	落叶	金缕梅、丁香、紫叶李、茶条械、紫薇、樱花
灌木	常绿	刺柏、铺地柏、石楠
	落叶	黄栌、金银花、紫穗槐、山杏
藤本	常绿	
	落叶	杠柳、凌霄、紫藤
花卉	常绿	
	落叶	蜀葵、锦葵、牡丹、地被菊、石竹、萱草、鸢尾
地被	常绿	
	落叶	鸢尾、白草、羊胡子草、竹节草、地被菊、白茅、山棉花、景天三七、毛地黄、大叶铁线莲

（3）回头弯道路

万安山山体陡峭，有多处回头弯道路。植物配置上，采用层次渐进的方式，近景低矮、远景高挺，保证路上行人视线开阔，又不失美丽风景（图4-59）。

植物选择包括：侧柏、圆柏、臭椿、五角枫、梓树、栾树、红叶李、石榴、石楠、铺地柏、红瑞木、金缕梅。

图4-59 回头弯道路种植示意图

11. 陡坡阴坡植物群落

陡坡阴坡即区域内所有坡度在25°～35°的区域。陡坡阴坡作为比较特殊的立地类型，单独对其进行植物群落的设计。陡坡阴坡立地条件较为苛刻，坡度较陡，土层较薄；又因为光照条件很差，较为阴冷。因此，该区域的植物必须是耐瘠薄、耐严寒、耐阴的强耐性植物，才能适应该立地类型的生长环境（图4-60）。

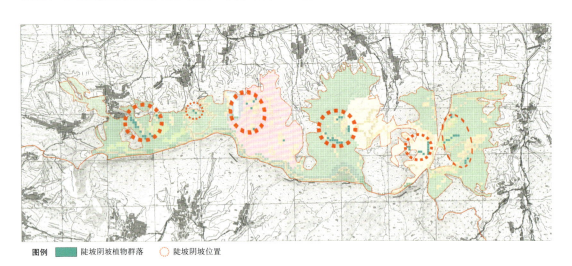

图4-60　陡坡阴坡林相图

配置模式（表4-22）

圆柏（30%）+构树/火炬树（30%）+山杏/山丁子（20%）+锦鸡儿（20%）

表4-22　陡坡阴坡植物种植表

树种	比例（%）	株/亩	株距（m）	行距（m）	株/m²
圆柏	30	19	3～5	2～4	/
构树/火炬树	30	19	2～5	2～4	/
山杏/山丁子	20	25	3～5	2～4	/
锦鸡儿	20	139	0.8～1.2	0.8～1.2	/

植物特性

圆柏：常绿树种，耐干旱瘠薄土壤。

构树：耐干旱瘠薄土壤，夏秋季结橙红色果实，观赏性高。

火炬树：落叶小乔木，直立圆锥花序顶生，果穗鲜红色，果实9月成熟后经久不落，犹如火炬一般。

山杏：耐干旱瘠薄土壤，春季可赏花。

山丁子：耐贫瘠，树姿优雅，花繁叶茂。果实近球形，红色。

锦鸡儿：春季可观花，较能适应陡坡阴坡的立地条件。

种植方式

在株行距控制范围内采用自然式组团种植方式（图4-61、图4-62）。

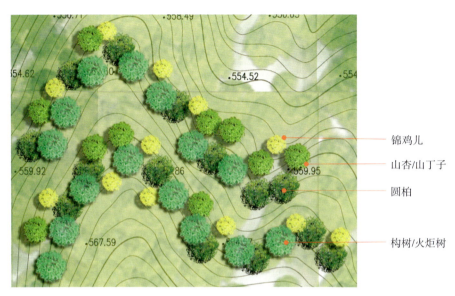

图4-61　陡坡阴坡植物种植示意图1

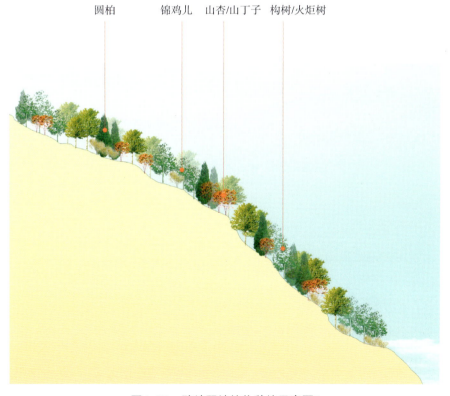

图4-62　陡坡阴坡植物种植示意图2

12. 极陡坡植物群落

极陡坡即区域内所有坡度在35°以上的区域。根据立地条件和未来景点设置，将其进一步划分为重点景观区和非重点景观区，分别进行植被恢复设计（图4-63）。

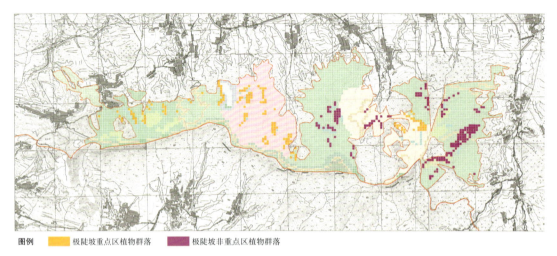

图例　■ 极陡坡重点区植物群落　■ 极陡坡非重点区植物群落

图4-63　极陡坡林相位置图

（1）重点景观区

重点景观区是山林观赏区的西部片区（城市景观轴）、运动休闲区、百花丰果园区及万安论道区中坡度大于35°的区域。极陡坡的坡度大于35°，整地难度较大，对于景观节点等重点区内的极陡坡，根据实际情况和设计需求，采用爆破方式进行穴状整地，然后种植沙地柏与锦鸡儿（表4-23）。

配置模式

沙地柏（60%）+锦鸡儿（40%）

表4-23　重点景观区植物种植表

树种	比例（%）	株/亩	株距（m）	行距（m）	株/m²
沙地柏	60	10000	/	/	25
锦鸡儿	40	275	0.8~1.2	0.8~1.2	/

植物特性

沙地柏：常绿灌木，生长力较强，在极陡坡环境中能较好生长。

锦鸡儿：春季可观花，较能适应陡坡阴坡的立地条件。

种植方式

在株行距控制范围内采用自然式组团种植方式（图4-64、图4-65）。

图4-64 重点景观区植物种植示意图1

图4-65 重点景观区植物种植示意图2

（2）非重点景观区

非重点景观区是山林观赏区的中、东部片区，因为此区域为远景建设期，访客相对较

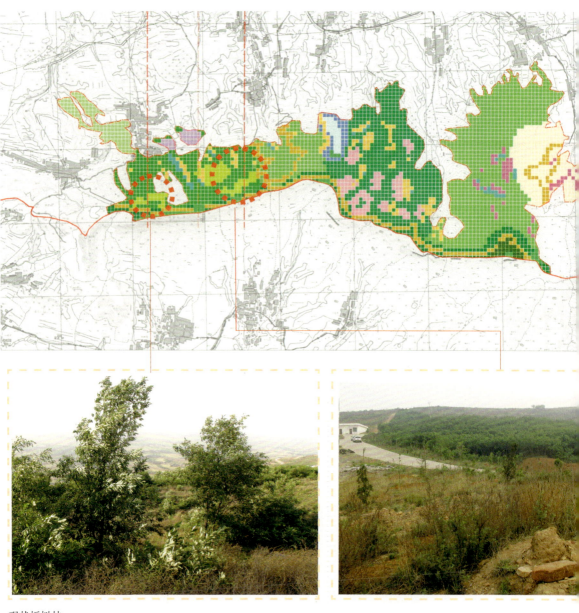

现状栎树林
位于城市景观轴区域，大量栓皮栎和麻栎构成密林。保留现状植被，并在**林下空地被植红瑞木和沙地柏**，丰富竖向层次和色彩。

少，绿化恢复成本又过高，故对于非重点景观区的极陡坡可以不做处理，也可以在保留原有植被的基础上播种多年生草本植物，以节约建设成本（图4-66）。

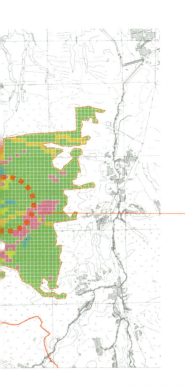

现状栎树林
位于山体东部，现有植被情况较好。保留现有植被的基础上**适当补植侧柏、沙地柏**，以自然式组团进行造林。

现状刺槐林
位于山体西侧对外承包核桃林附近，大量刺槐构成密林。现状植被长势良好，**予以保留，不做处理**。

图4-66 非重点景观区绿化意向图

13. 保留并改善现状植被

万安山虽然整体植被情况较差,但是仍有少部分区域现状植被情况非常好,包括山体西部城市景观轴区域、景观轴区域以东核桃园附近区域、山体东部区域等。此类区域,对现状植被直接予以保留,适当补植林下灌木并加强后期养护。如:

城市景观轴区域,现状为大量栓皮栎和麻栎构成的密林。保留现状植被,并在林下空地补植红瑞木和沙地柏,丰富竖向层次和色彩;

景观轴区域以东核桃园附近,分布有大片刺槐林,对其予以全部保留,并加强后期养护;

山体东部区域,现状为大片栎树林,在保留现有植被的基础上适当补植侧柏、沙地柏,以自然式组团进行造林。

图4-67 保留并改善现状植被区示意图

4.6.3 造林技术

区域内山体地形破碎,多处岩石裸露、土壤贫瘠,覆土层较薄,植物生长的立地条件较差。为了改善立地条件,提高绿化恢复的植物成活率,必须采取一些必要的造林技术,包括整地、土壤改良和植被抗旱建植技术等。

1. 整地

整地可以提高坡面的稳定性,便于施工作业。同时通过微地形的整理,可以增加天然降水地表径流的利用率,从而提高植物成活率。主要效果包括:减缓坡度,减少粒度,改善地表组成物质的粒径级配；改善局部土壤的养分和水分状况，增加土壤含水量；稳定地表结构，减少水土流失，控制土壤侵蚀；增加栽植区土层的厚度，提高植物对有限降水的利用率，从而提高栽植成果率和保存率，提高造林质量。

整地的整体思路为采用因地制宜、近自然整理的方式，"随坡就势、小平大不平"。对高陡坡进行放坡处理，减缓地形起伏，保障安全，同时营造适宜植物种植的相对平缓的立地条件，便于植被恢复。

由于场地所处的地形地貌以丘陵山区为主，整地主要采取穴状整地（极陡坡/山脊、缓坡）、水平阶整地和鱼鳞坑整地3种方式（图4-68）。

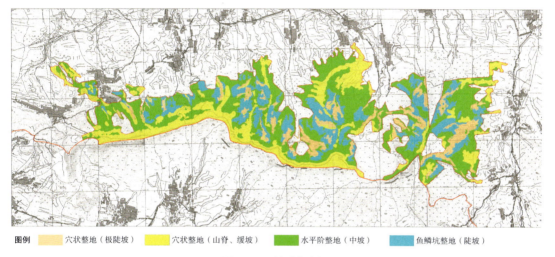

图例　■ 穴状整地（极陡坡）　■ 穴状整地（山脊、缓坡）　■ 水平阶整地（中坡）　■ 鱼鳞坑整地（陡坡）

图4-68　整地规划图

（1）穴状整地

穴状整地主要应用于极陡坡区域，以及山脊、缓坡区域。

穴状整地主要技术为：沿等高线自上而下，按品字形翻挖深0.3～0.4m、直径0.3～0.5m的穴状坑。其间距按树种的株行距而定，穴面与坡面平行，适用于坡度较缓的荒坡成片造林及带状造林（图4-69）。

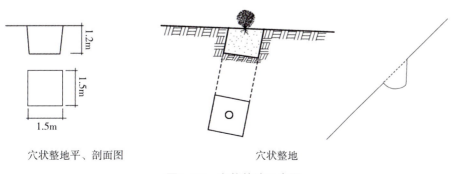

穴状整地平、剖面图　　　　　穴状整地

图4-69　穴状整地示意图

（2）水平阶整地

水平阶整地主要应用于中坡区域。

水平阶整地为沿等高线将坡面修筑成狭窄的台阶状台面，阶面水平或稍向内倾斜，形成较小的反坡，阶面宽因立地条件而定。水平阶整地比较灵活，可以因地制宜地改变整地规格，如地形破碎则阶长可短。

具体方式为：沿等高线自上而下地里切外垫，修成水平阶面，或稍向内倾斜，外高里低，台阶宽1m、长3~5m、上下间距1.5m、左右间距0.5m。在台阶中线或靠外1/3处挖坑栽树（图4-70）。

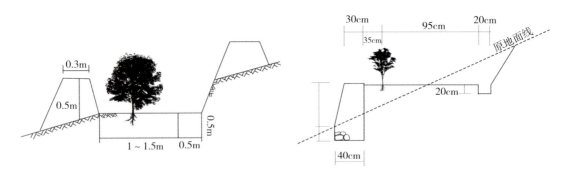

图4-70　水平阶整地示意图

（3）鱼鳞坑整地

鱼鳞坑整地主要应用于陡坡区域。

鱼鳞坑为形似半月形的坑穴，坑呈"品"字形排列，以保土蓄水。规格有大小两种，整地时沿等高线自上而下地开挖，挖坑时先将表土刮向左右两侧，然后将新土刨向下方，围成弧形土埂，埂要踩实，再将表土放入坑内。一般大鱼鳞坑长0.8~1.5m、宽0.6~1.0m、深0.3m；小鱼鳞坑长0.5m、宽0.3m、深0.3m，土埂高度0.15~0.20m（图4-71）。

（4）整地技术要求

整地的技术要求包括整地的深度、宽度、长度、断面形式等。具体要求如下。

①整地深度

整地深度是整地各种技术指标中最重要的一个指标，适当地增加整地深度，加厚疏松肥沃土层要比加大整地面积更能给林木的生长发育创造适宜的环境。在区域内，为了提高蓄水能力、增加土壤含水量，整地深度基本要求为：一般草本植物为0.15m，小灌木为0.3m，大灌木为0.45m，小乔木为0.6m，大乔木为1.0m。

②整地宽度

从改善造林地的立地条件来看，较大的宽度较好，但同时还要考虑水土流失和经济的可行性。确定整地宽度的基本原则是，在自然条件和经济条件许可的前提下最大限度地改

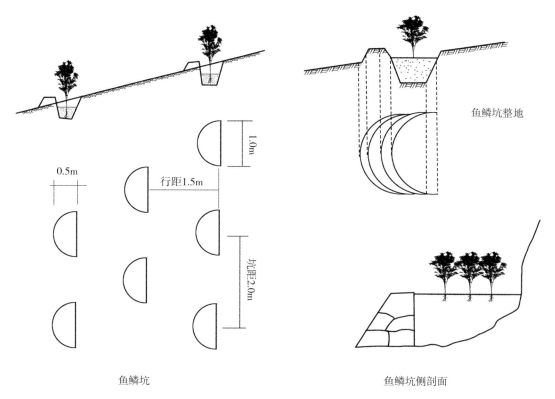

鱼鳞坑　　　　　　　　　　　鱼鳞坑侧剖面

图4-71　鱼鳞坑整地示意图

善立地条件，控制水土流失。区域内山体坡度较大，所以整地宽度不宜过大，以免加剧水土流失。以反坡梯田整地为例：在坡度分别为20°、30°、40°时，其整地宽度依次以1.5m、1.0m、0.8m为宜。

③整地长度

整地长度指带状或块状整地的带或块的边长。整地长度随地形破碎程度、岩石裸露和坡度而不同。一般长度大的话，有利于种植点的均匀配置，有条件的情况下，应尽量长些。但地形破碎、坡度陡的话，长度应短些，因为太长会造成工程量大，不利于施工且易发生水土流失。

④整地季节

选择适宜的整地季节，是充分利用外界有利条件，回避不良因素的重要措施。选定适宜的整地季节，可以更好地改善立地条件，提高植物成活率，节省整地用工，降低绿化恢复成本。如果整地季节选择不合理，不仅不能蓄水，而且可能导致水分大量蒸发，适得其反。

对于范围内的植被恢复来说，整地的时间要提前。通常应在植树前3个月以上的时期内进行，经过一个雨季最佳。

2. 土壤改良

通过土壤改良作业，可以提供植物生长的适宜土壤条件，克服或者避免限制性因子对植被恢复的影响。考虑项目绿化恢复面积较大，综合比较后选用物理改良和化学改良两种方式，实现低成本改良。

（1）物理改良

①客土覆盖

区域内山体很多地方覆土层较薄，缺少一定的种植土壤，可直接采用异地熟土进行覆盖，直接固定地表土层，并对土壤理化特性进行改良，特别是引进氮素、微生物和植物种子，为山体的植被恢复创造有利条件。

②施用有机改良物质

有机肥料不仅含有作物生长和发育所必需的各种营养元素，而且可以改良土壤物理性质。有机肥料种类很多，包括人畜便池、有机堆肥、泥炭类物质等。

（2）化学改良

针对区域内山体的土壤情况，化学改良的核心是要添加营养物质以提高土壤肥力。鉴于有些裸露较严重的山体土壤基质结构不良，速效的化学肥料极易被淋溶，只有少量、多次施用速效化肥或选用一些分解缓慢的长效肥料才能达到预期效果。

3. 植被抗旱建植技术

本项目绿化恢复以植苗植被恢复技术为主，播种植被恢复技术为辅。植苗植被恢复适用于坡度小于25°的土质、土石结合质地，同时还要注意加强人工水分补充。坡度大于25°的区域，对于确有必要进行植被恢复的，如极陡坡重点景观区，则采用播种植被恢复技术。

（1）植被抗旱建植技术优势

①适用苗木范围广，几乎适用于所有树种。

②成型苗木对不良环境的适应能力较强，能够较快地适应不良立地条件。

③成活率较高，植被恢复效果稳定。

④在干旱及水土流失严重的立地条件下尤其适合。

⑤带土球栽植具有不裸露苗木根系、成活率高的优点，尤其是容器育苗，能保持原土壤和根系的自然状态，幼苗生长快，即使在立地条件较差的情况下也能大幅度提高成活率。

（2）栽植密度

一般乔木树种如果选择容器小苗造林，则株行距以$2m \times 2m$或$2m \times 3m$，密度以2505株/hm^2或1665株/hm^2为宜。

如果选择带土球大苗造林，则株行距为$4m \times 4m$或$5m \times 5m$，密度630株/hm^2或405株/hm^2为宜。

（3）栽植季节

通常应在造林前一年秋季、冬季整地，第二年春季进行造林栽植，或当年春季随整地随造林。第二年秋季、冬季进行补植。夏末，秋初进行抚育，第一年抚育两次，第二年抚育两次，第三年抚育两次。

（4）栽植要求

在土壤立地条件较差的地方，苗木栽植尤其是裸苗栽植，要适度扩大种植坑，并在坑底施加3~5cm厚的有机肥或者基肥，进行局部客土改良。

植苗的关键是确保树穴规格能使苗木根系舒展（不窝根）。树穴规格要根据树种根系特点（或土球大小）、土壤情况来决定。平生根系的土坑要适当加大直径，直生根系的土坑要适当加大深度。挖穴时要把表土与底土分别放置。树穴伤口沿与底边必须保持垂直，大小一致。切忌挖成上大下小的锥形或锅底形，否则栽植踩实时会使根系劈裂、卷曲或上翘，造成不舒展而影响树木成活。

苗木要近自然式、组团式种植，以品字形、不规则三角形、团块状、放射状方式等布置。种植中采用"三埋、两踩、一提苗"的操作要领，包括3次填埋、2次踩实以及1次将苗木向上提起的过程：

①裸根苗木从掘苗到栽植的时间应尽可能短，以随起随栽为佳。运输过程中务必保持根部湿润，采用湿草覆盖，可以防止根系风干。

②裸根苗木栽植时，要保持根系完整，骨干根不可太长，要尽量多带侧根、须根。也可以让专业人士对根系进行适度修剪，以促进发育。

③土球苗要注意装卸过程中对土球的保护，避免破裂、伤根，影响成活；容器苗木要注意对容器的剥离，避免土球散坨。

④较大规格苗木运输到栽植地，应提前进行适度修剪，以减少蒸腾作用，提高苗木成活率。

⑤裸根栽植多用于常绿树小苗以及落叶树，土坨栽植主要用于较大规格的针叶树。

（5）养护管理

施工后应及时浇水，保证苗木成活的3遍透水必须满足。在养护期间根据植物生长情况，可适当施肥。在苗木栽植的当年遇连续干旱少雨的情况，需人工及时补水；当年入冬，需要浇防冻水，来年春天，需要浇返青水。

万安山景观营造

《洛阳万安山山顶公园景观设计》

万安山的景观营造主要是依据《万安山生态保护与利用规划》，在《洛阳万安山山体植被恢复设计》基础上对万安山山脊区域综合利用的探索，即万安山山顶公园设计，旨在改善万安山区域的生态品质，优化万安山区域周边综合环境，提升优质景观资源的基础设施，满足洛阳市民城郊生态旅游需求，建设国内一流的山顶郊野公园。万安山山顶公园选址位于万安山主山体的山脊线以北，可借助部分南侧悬崖景观，整体呈东西走向，绵延约8.6km，总面积158hm²（图5-1）。

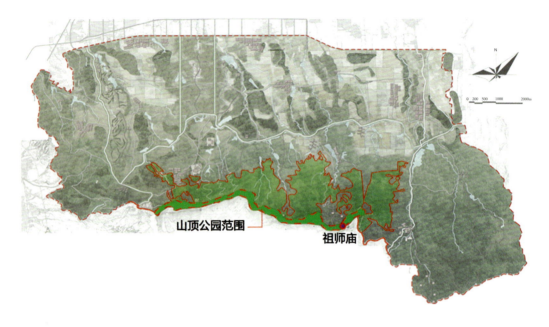

图5-1　万安山山顶公园设计范围示意图

5.1　场地现状

5.1.1　山形地势

万安山山顶公园最突出的特点，是其整体位于万安山山脊线沿线。万安山山脊线具有良好的连续性，高程从最西端观伊亭的海拔520m向东逐渐爬升，至东侧的祖师庙爬至最高海拔约900m，而后至最东端的东服务区降至海拔约850m，自西向东此起彼伏、绵延不绝。山脊线两侧的景象颇为不同：山脊南侧多为百尺绝壁，临近远眺视野开阔，崖壁景观震撼；山脊北侧则曲折平缓，视野延伸之处层林尽染。南北两侧形成了"一崖一坡"的景象对比，各具特色而又差别鲜明。山顶公园顺应山势，沿着坡顶绵延展开、婉转曲折。山顶公园的功能区和景观节点也依从这种趋势而散布于山脊沿线，并结合其朝向与视野条件组织空间布局和布置景观设施，与万安山山形地势有机融合。

5.1.2 山顶植被

万安山山顶原本的植被条件较差，土壤砾石含量较高，植被稀少，植物群落结构单一，且有部分山体遭采矿破坏严重。在山顶公园设计伊始，先期完成的山体绿化恢复工程已经针对这一状况进行了专项恢复，并取得了一定的成效，原本较为裸露的山体，大部分按照生态修复的原则进行了绿化恢复，但山体绿化恢复工程主要侧重于大尺度的生态修复，其关注的重点是两侧的坡面，而对于山顶公园的山脊线部分涉及较少，这为山顶公园植被景观的进一步营造预留空间。

5.1.3 场地文化

万安山依托古都洛阳，历史文化底蕴十分丰厚，与之有关的历史人物、典籍颇多，周边寺庙林立、香火旺盛。

（1）场地内文化遗存

坐落于山顶公园范围内的祖师庙，是最为重要的文化遗存。祖师庙雄踞万安山峰巅，是一个道家场所，全用岩石砌墙，最初修建年代疑为曹魏时期，其正殿荡魔观真武殿于1997年重建，供奉真武大帝。祖师庙是道教文化的重要实体遗存，是万安山的重要文化内核（图5-2）。

图5-2 祖师庙重建后实景图（陈新渠 摄）

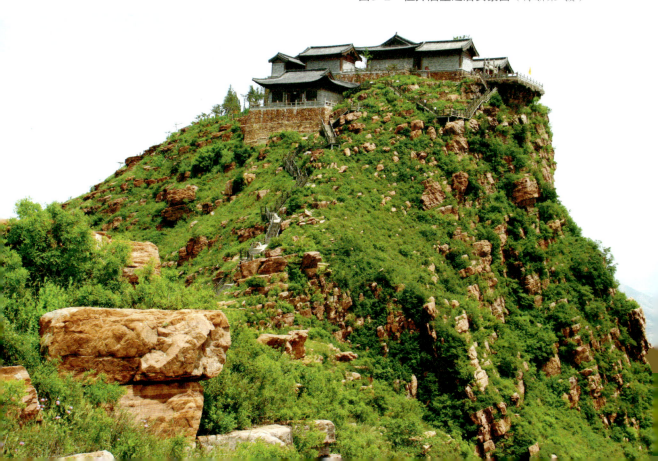

（6）可借文化遗存

据传唐时北邙古墓已满，"旧墓人家归葬多，堆着黄金无买处"，于是万安山成为安息的首选。现在依据有关资料可知唐代的姚崇、张说、李德裕、裴遵庆，宋代的文彦博、张齐贤、范仲淹、范纯仁等历史上闪光的人物均葬于万安山区域。而现如今，仅有在山南麓的范仲淹墓尚存，在万安山的中部可远眺。作为北宋著名的政治家、文学家，范仲淹出仕后以敢言著称且政绩显著，在文学上也很有成就，工于诗词散文而富有真知灼见，其"先天下之忧而忧，后天下之乐而乐"（《岳阳楼记》）更是成为脍炙人口、千古传颂的绝唱。

伊河，是中国黄河南岸支流洛河的支流之一，穿伊阙而入洛阳，东北至偃师注入洛河，与洛河汇合成伊洛河。伊河及其干流洛河，是洛阳地区的重要河流，不仅使流域内的经济得到发展，而且孕育了丰富的历史文化，被称为伊洛文化。流经万安山下的伊河，发源于熊耳山南麓，是洛河的最大支流。伊河与洛河共同撑起了河洛文化的厚重一翼，而根植于此的"伊洛文明"更是被西方一些历史学家称赞为"东方的两河文明"。站在万安山顶远眺伊河，即关联了伊河这条文化之河与万安山这座文化之山的内在联系。

文化实实在在地影响着包括山顶公园在内的万安山区域，乃至整个洛阳城。如何尊重历史事实，选取适于表达的文化内容并结合景观进行展示，是一个难点，也将是万安山的亮点。

5.2　设计目标

万安山山顶公园的设计，以万安山整体生态环境承载力为限度，有机结合山形地势条件，合理利用万安山山顶区域的有限空间，打造山顶游憩景观场所，成为市民短途休闲、文化旅游精品目的地；以万安山原始山体植被为基础，进一步巩固山体绿化恢复工程成效，生态化改造万安山山顶区域的植被景观，打造山顶绿色生态带，成为万安山区域乃至洛阳地区的生态典范；以万安山区域深厚的历史文化底蕴为依托，保护和利用场地内及周边各项文化遗存，打造山顶文化传承带，成为万安山区域乃至洛阳历史文化的有机传承。

5.3　设计策略

5.3.1　绿色生态保护策略

万安山山顶公园的设计与建设，以维护万安山生态安全为基础，保留并保护原生植被，主要利用山顶区域的天然空地进行景观设施的建设。同时在山顶公园植物景观营造方面，注重乡土树种的选择和乔灌草三层复合结构的营建，配置近自然的生态植物群落，与山体原生植被和山体绿化恢复工程所栽植植被有机融合,最终形成安全稳定的万安山森林生态系统。

5.3.2 游憩空间营造策略

万安山山顶公园基于深入细致地调研分析,以全局性眼光对山体景观的"点、线、面"3个层面进行统筹布局,以"面"分区、以"线"串"点",将狭长蜿蜒的线性空间有机地联系起来、紧密地组织起来,形成一套体系完善、结构清晰、功能完备的游憩空间体系。

5.3.3 文化内涵赋予策略

万安山山顶公园以中国"道"文化思想为指导,以"登高望远、修仙问道"作为万安山设计理念核心,以万安问道、万安怀古、万安休闲为主题,在充分尊重自然生态的前提下,师法自然、梳理环境、布置景点将万安山所特有的历史文化和生态建设成果相结合,紧密联系其与周边环境之间、与洛阳市城区之间的关系,进而形成历史文化内涵丰富、人文关怀特色凸显、地域特色文化突出的山顶公园。

5.4 景观分区

5.4.1 布局结构

万安山山顶公园采用了"一线、三区、多点"的布局结构。"一线"即沿着山脊线坡顶设置的游览主线,这条主线既是山顶公园的主要道路,又是山顶公园的景观轴线,串联起轴线两侧的多个景观节点;"三区"即3个景观分区,包括:仰圣怀古区、修心问道区和休闲游憩区,是3个各具特色的功能空间;"多点"即沿山脊线布置的多个景观节点,是众多不同主题的特色游憩空间,是山顶公园景观的基本构成单元(图5-3、图5-4)。

图5-3 万安山山顶公园布局结构示意图

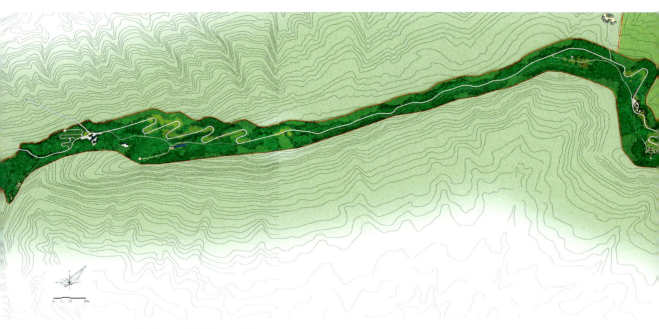

图5-4 万安山山顶公园总平面图

5.4.2 景观分区

1. 仰圣怀古区

仰圣怀古区位于山顶公园的中部。本区域以纪念与万安山息息相关的古人为主题，通过提炼加工与之相关的文化内涵，并采用景观化、艺术化的表现手法加以呈现，最终赋予这一区域仰慕圣贤、缅怀古人的环境氛围。本区域设置了石林怀古、紫阁晴岚、凭栏仰圣等3处景观节点。

2. 修心问道区

修心问道区位于山顶公园的西部和东部。本区域以"道"为主题，将"道"的内涵以景观实体的形式在各个景观节点进行外化表达，并通过散布于全园各处的有关"道"的景观节点，营造修身养性、研习道文化的环境氛围，使万安山成为中原地区居民修心问道的首选去处。本区域设置了祖师庙、慧谷山房、太虚化境、灵台仙踪、云壑亭、松岭问道、玉虚观象等多处景观节点。

3. 休闲游憩区

休闲游憩区位于仰圣怀古区和修心问道区之间，以提供休闲游憩功能为主，通过一系列特色休闲游憩景观节点的设置，为山顶公园整体上营造出观景览胜、休闲游赏的环境氛围。本区域设置了观伊览胜、览胜小坐、万安观星、逍遥坡、抚云轩、百米玄廊、游览索道、登山步道、垂直观光梯等景观节点。同时，山顶公园的主入口也位于此。主入口处正对来向道路设置大型景观置石组合，石上刻字"万安山山顶公园"，入口周边采用精致的植物景观配置来烘托入口氛围，避免了浓重的人工化痕迹，也更加贴合自然（图5-5）。

5 | 万安山景观营造

图5-5 万安山山顶公园入口图（徐文波 摄）

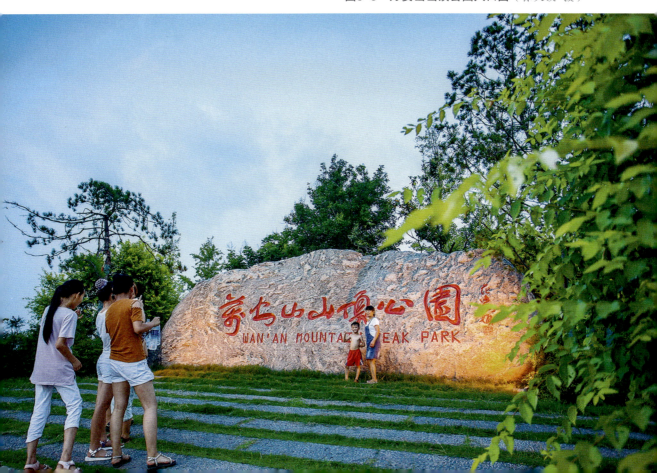

5.5 重要节点设计

5.5.1. 观伊览胜　　5.5.2. 太虚化境　　5.5.3. 石林怀古

5.5.4. 凭栏仰圣　　5.5.5. 临壁小驻　　5.5.6. 灵台仙踪

5.5.7. 松岭问道　　5.5.8. 玉虚观象

5.5.1 观伊览胜

观伊览胜景观节点位于万安山山顶公园的最西端，属于山顶公园的休闲游憩区，海拔约520m。这里原本是万安山山顶的一处荒地，场地内现状遗存有一处废弃水池。节点的海拔虽然不高，但由于周边地势陡峭，使得这块场地拥有了良好的远眺视野，尤其是在场地的西北角，站在山顶可远眺伊河。

1. 设计构思

观伊览胜景观节点充分利用其位于山体最西端悬崖边，视野开阔的制高点优势，以观伊河为主题，在远眺视野最好的西北角设置停留观赏空间，同时利用现状水池将其周边改造为水景景观，整体上使这一景观节点成为人们登高远眺欣赏蜿蜒曲折的伊河美景和郁郁葱葱绿色森林的首选场所，成为人们亲水游憩享受活力空间的绝佳去处。

2. 景点设计

观伊览胜景观节点主要由两个小景观组团构成，即由观伊亭为核心的小景观组团，以及以景观水池为核心的小景观组团，两个小景观组团之间由一条游览步道相连。观伊览胜景观节点结合地形特征设置了观景平台、观伊亭、景观水池等景点，供访客亲水、休憩，实现人、林、水的完美结合（图5-6）。

观伊览胜（徐文波 摄）

图5-6 观伊览胜景观节点平面图

（1）观伊亭

观伊亭位于观伊览胜景观节点的西北角，是一处为访客提供遮阴避雨、休憩观景的建筑空间。观伊亭采用重檐歇山顶建筑形式，材料选用为全石材。观伊亭周边设置了两级观景平台，观伊亭所在的平台较高，为在亭内远眺提供了更好的视野条件；西侧的平台较低，但是因其向西突出山体，也获得了较好的观赏视野条件（图5-7、图5-8）。

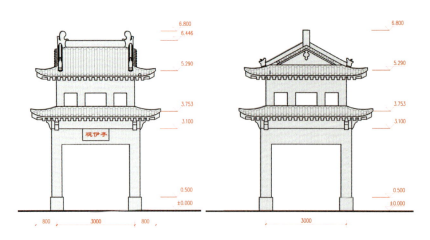

图5-7 观伊亭立面图

5 万安山景观营造

图5-8 观伊亭实景图（徐文波 摄）

（2）景观水池

景观水池是利用场地内遗存的现状水池进行优化调整后，形成的一个可供访客亲水的休闲景观场所。原有水池为等边梯形，在改造中基本保留了这一形状，在其周边设置了亲水平台、万安石碑拼铺装场地、种植池等景观小品，并在水池中间设置了特色景墙。改造后的水池周边还设置了休闲茶座，供人品茶聊天（图5-9、图5-10）。

图5-9 景观水池设计图

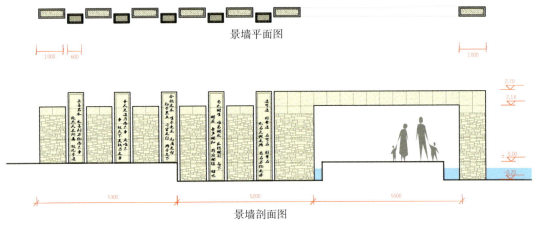

图5-10 景观水池特色景墙设计图

3. 种植设计

观伊览胜景观节点的种植设计，以园林美学为指导，在景观水池附近种植银杏和黄山栾营造景观基调氛围，将植物与景观元素有机结合，同时搭配大叶黄杨和凤尾兰强调植物景观层次的丰富性。在观伊亭周围通过自然式种植模式点缀碧桃、木槿、紫叶李、红叶石楠等观赏植物，满足与景观整体良好的呼应。在观伊亭周围种植华山松、白玉兰，象征着观伊亭所暗喻的古人挺拔、忠贞形象。

观伊览胜景观节点具体树种选择如下。

乔木树种：白玉兰、油松、银杏、合欢、黄山栾、华山松、槐树、栓皮栎、黄栌、鸡爪槭、碧桃、山楂、紫叶李、五角枫；

灌木树种：紫薇、凤尾兰、小叶女贞、大叶黄杨、红叶石楠；

草花地被：早园竹、波斯菊、玉簪、睡莲，冷季型草坪。

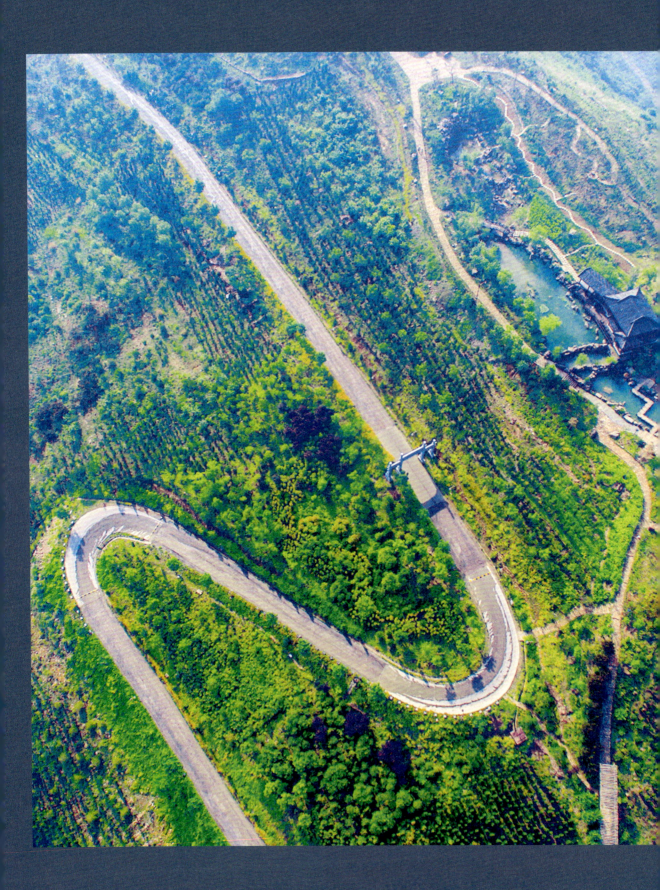

太虚化境（徐文波 摄）

5.5.2 太虚化境

太虚化境景观节点位于万安山山顶公园的西部，属于山顶公园的修心问道区，海拔约560m。这里原本是万安山山顶的一处开敞的空地，整体呈现东西走向形状狭长。场地东侧有一处凹地，降水过后经常积水，比较适于改造为水景景观。

1. 设计构思

太虚化境景观节点充分利用狭长开敞空地的空间特点，在西侧视野较好处设置观景平台；将场地东侧的凹地改造为水景景观，周边设置生态种植景墙、曲桥、跌水景观以及品茗水榭等特色景点，营造出一处宜人的静逸空间。

2. 景点设计

太虚化境景观节点主要由两个小景观组团构成，即由景观水池和品茗水榭构成的小景观组团和观景平台构成的小景观组团，以及观景平台构成的小景观组团，两个小景观组团之间由一条游览步道相连。太虚化境景观节点结合地形特征，主要设置了品茗水榭、曲桥等景点（图5-11）。

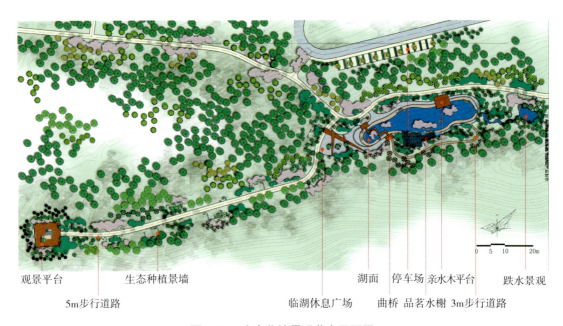

| 观景平台 | 生态种植景墙 | | 湖面 | 停车场 | 亲水木平台 | 跌水景观 |
| 5m步行道路 | | | 临湖休息广场 | 曲桥 品茗水榭 3m步行道路 |

图5-11 太虚化境景观节点平面图

（1）品茗水榭

品茗水榭采用亭廊组合形式，建筑面积约180m²，主要由木、瓦打造，梁、柱呈赭红色，瓦为青灰色。依水而建，单层建筑，应山顶公园整体古朴、自然的设计风格与洛阳厚重历史感，品茗水榭选用了唐宋时期建筑风格，营造出了一种依山傍水的环境特征，给人置身于世外桃源的感受。品茗水榭内设有喝茶休闲的亭廊，临近水面处布置亲水平台，为访客提供了一处清幽、宁静的品茶谈天之处（图5-12～图5-14）。

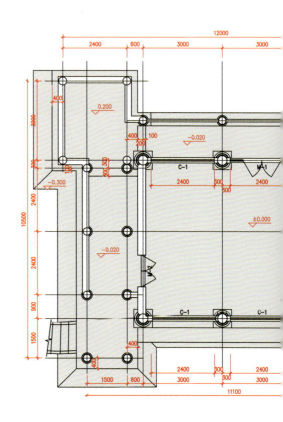

图5-12 品茗水榭一层平面图

图5-13 品茗水榭立面图

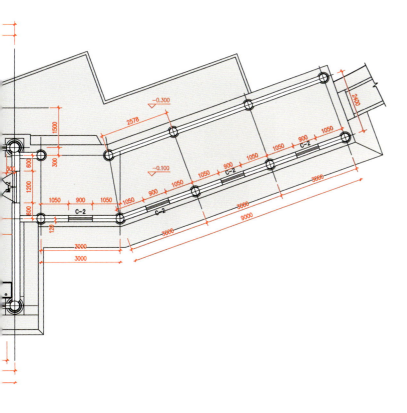

图5-14 品茗水榭建成实景图（徐文波 摄）

（2）曲桥

曲桥属于园林中特有的桥式，是古典园林中重要的角色。"景莫妙于曲"，一条折线曲折迂回间向前延伸，延长风景线的同时扩大景观画面的效果，使访客的游览线路更长，并引导访客观赏不同角度的景色（图5-15、图5-16）。

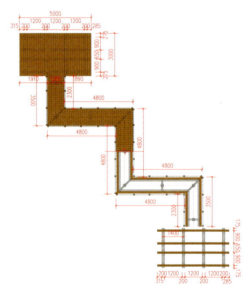

图5-15 曲桥平面图

图5-16 曲桥建成实景图（徐文波 摄）

3. 种植设计

太虚化境景观节点的种植设计，主要以营造观赏型植物群落为主，节点附近种植大面积的五角枫，通过对植物群落体量、形态与色彩的处理，实现太虚化境景观节点山体绿化，同时搭配种植合欢、玉兰，达到乔灌木景观相互衬托的景色。

太虚化境景观节点具体树种选择如下。

乔木树种：五角枫、鸡爪槭、碧桃、白玉兰、核桃、侧柏、合欢、法国梧桐、红叶石楠、凤尾兰；

灌木树种：猬实、红瑞木、细叶芒、珍珠梅、小叶女贞、荷花、淡竹、丁香、红叶石楠；

草花地被：佛甲草、费菜、宫灯长寿花。

石林怀古（徐文波 摄）

5.5.3 石林怀古

石林怀古景观节点位于万安山山顶公园的中部，属于山顶公园的仰圣怀古区，海拔约670m。节点场地位于山顶公园的一处山峰之上，山峰颇为陡峭，周边怪石嶙峋，同时这里也是周边一定区域内的制高点，拥有极佳的远眺视野。

1. 设计构思

石林怀古景观节点以山峰峰顶为中心，分别在其正北、东北、东南3个视野最佳的方向上，设置3处形态各异、空间特征完全不同的景点，并赋予这些景点独特的文化内涵。在石林怀古景观节点，汇集了历史上与万安山有密切关系的名人故事，这些景点通过景观化设计手法，展示了一个个重大文化意义的历史故事，体现万安山雄厚的文化历史底蕴。

2. 景点设计

石林怀古景观节点紧密结合地形特征，在不同的山体坡面朝向上，分别设置了迁叟在山、魏帝射鹿、伏虎亭、七贤雅林、竹林七贤观景台等（图5-17）。

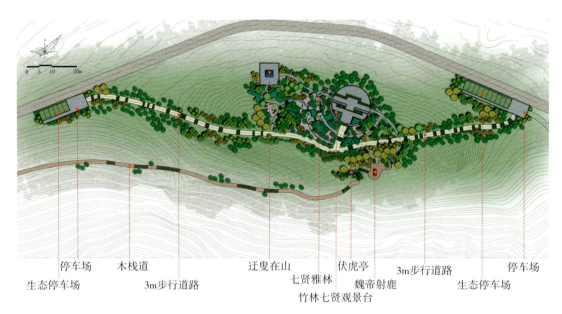

图5-17 石林怀古景观节点平面图

（1）迁叟在山

迁叟在山得名于司马光谪居洛阳期间，居于独乐园编纂《资治通鉴》的典故。据记载，独乐园中有见山亭，而在山顶公园设置"见山亭"，寓意登台即见万安山。见山亭采用悬山形式，主要由木、瓦打造，梁、柱呈赭红色，瓦为青灰色，建筑面积约16m^2。见山亭以隐喻的手法，展示给访客一座光照千古的历史丰碑《资治通鉴》，一座德化万事的道德高山司马光（图5-18、图5-19）。

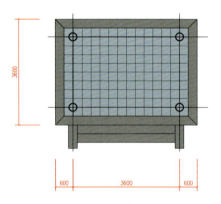

图5-18 见山亭平面图

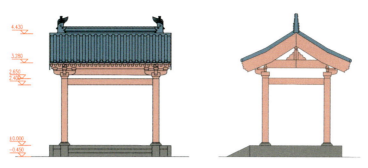

图5-19 见山亭立面图

(2) 魏帝射鹿

魏帝射鹿景点为大型铜雕,其得名于《魏末传》:"帝常从文帝猎,见子母鹿。文帝射杀鹿母,使帝射鹿子,帝不从,曰:'陛下已杀其母,臣不忍复杀其子。'因涕泣。文帝既放弓箭,以此深奇之,而树立之意定"。铜雕设置于悬崖边,雕塑姿态栩栩如生,十分具有历史感和代入感(图5-20)。

图5-20 魏帝射鹿建成实景图(徐文波 摄)

（3）伏虎亭

伏虎亭得名于孙礼刺虎的典故。魏文帝尝猎于万安山，有虎超乘舆，孙礼曾拔剑刺之。山顶公园通过设置伏虎亭，来展现这一典故。伏虎亭采用重檐四角攒尖形式，主要由石材打造，整体呈现石材原本的灰色，建筑面积约10m³。

（4）七贤雅林

七贤雅林主要展现竹林七贤与洛阳城不解之缘的文化特质，通过采用雕刻不锈钢板，将竹林七贤的形象及故事予以展现，不锈钢板之间通过文化石景墙进行过渡，景观效果丰富多样（图5-21）。

图5-21　七贤雅林立面图

（5）竹林七贤观景台

竹林七贤观景台整体采用了圆形+放射状的布局形式。中心区域为圆形观景台，观景台依山就势设置了3层主要平台，并逐层降低，使每一层平台都拥有良好的景观视野。周边区域设置了放射状的道路和半环形道路，使得整个场地形态规整，又满足了交通需求（图5-22）。

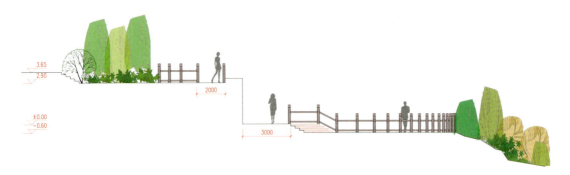

图5-22　竹林七贤观景台立面图

3. 种植设计

　　石林怀古景观节点的种植设计，注重营造浓郁的文化景观氛围，具体栽植上，将植物与其他景观元素有机结合，通过槐树、白玉兰、黄栌具有精神象征意味的乔木，搭配迁叟在山、七贤雅林、孙礼刺虎等节点，突出文化历史内涵，满足访客的精神需求。

　　石林怀古景观节点具体树种选择如下。

　　乔木树种：油松、侧柏、白皮松、银杏、合欢、五角枫、黄山栾树、鸡爪槭、黄栌、槐树、法国梧桐、白玉兰、刺槐、云杉、紫叶李、碧桃等；

　　灌木树种：小叶女贞、凤尾兰、木槿、早园竹、石楠等；

　　草花地被：波斯菊。

5.5.4 凭栏仰圣

凭栏仰圣景观节点位于万安山山顶公园的中部，属于山顶公园的仰圣怀古区，海拔约650m。节点处于山脊线相对高位，范仲淹墓南北向轴线延伸处，向南眺望，有开阔的视线俯瞰伊川，近处则可欣赏层次丰富的山体岩石地貌景观。

1. 设计构思

充分利用节点处于山脊开阔高地、南部山体岩地起伏变化多样，且具有正对范仲淹墓的优势，沿轴线、沿自然山体打造爬山廊、山体栈道、观景亭等不同的体验场所登高远眺、辗转攀登、曲径通幽、景致变幻的效果，充分与万安山历史名人文化相结合，展示万安山丰富的人文资源。

2. 景点设计

共打造3处景观组团，分别为以忧乐亭和思贤铭为轴线的对景组团、随山势高低变化形成的八相长廊组团、结合场地南部完整岩石设计忧乐台观景组团。整体景观以眺望范仲淹墓为序幕，徐徐展开唐宋历史上8位著名辅朝宰相与万安山的渊源，展示他们的生平、贡献及其辅世论著等（图5-23）。

凭栏仰圣（卢海军 摄）

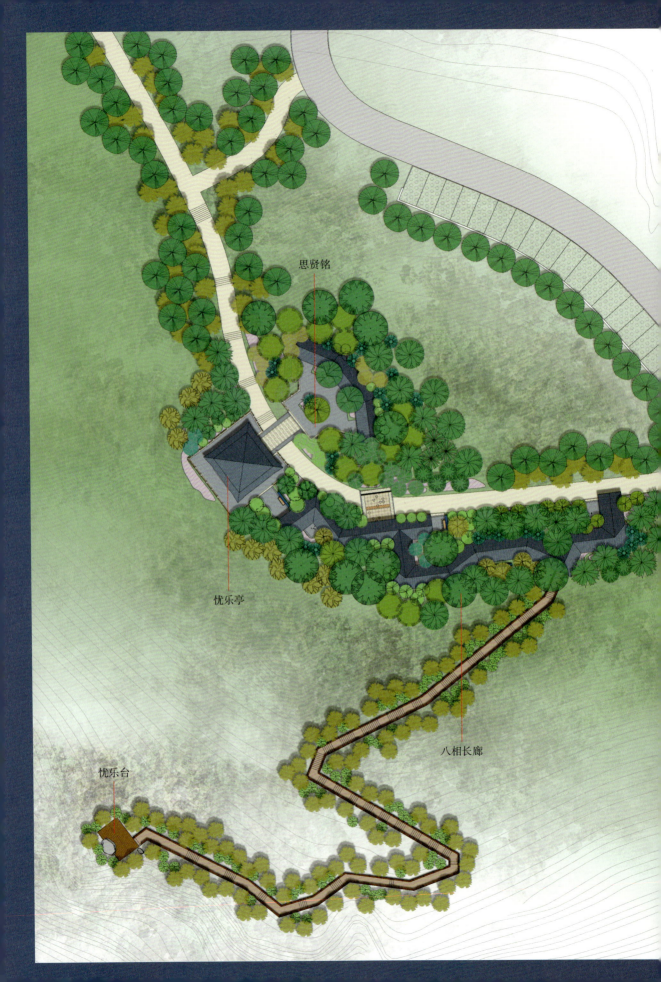

（1）八相长廊

八相长廊采用爬山廊的建筑形式，建筑面积约300m²，整体为唐宋风格的木质古建筑，屋顶、脊式采用灰色，青瓦，梁、柱、椽、枋等采用赭红色。八相长廊的竖向设计与岩体地形变化紧密结合，在爬山廊转折变化过程所形成的开敞、半开敞空间中，将与万安山有关的诸位宰相的故事进行展示。在与思贤铭、忧乐亭对应的八相长廊前广场开辟3处种植池，中心种植池以思贤铭石刻为核心，通过草花地被种植进行主题内容烘托，其他长廊阴角通过种植耐阴植被进行装点（图5-24~图5-31）。

图5-23 凭栏仰圣景观节点平面图

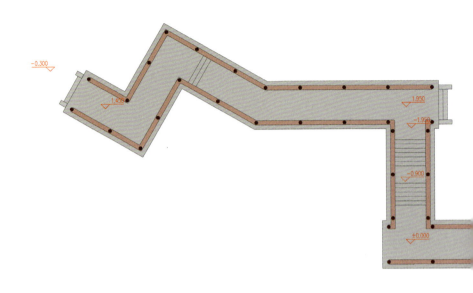
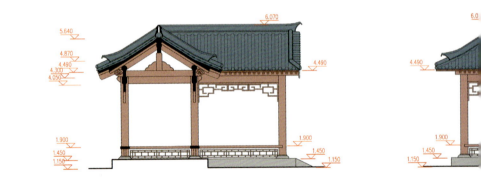
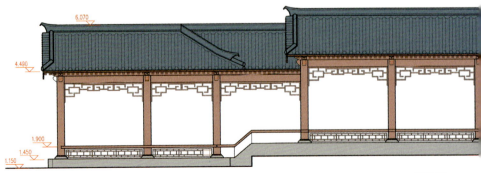

剖面图

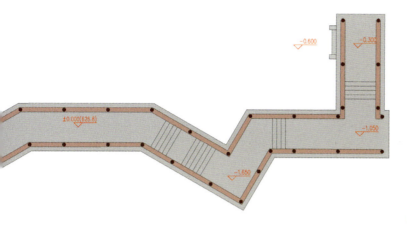

图5-24 八相长廊南段平面图

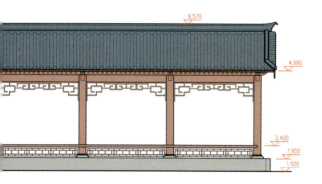

图5-25 八相长廊南段——西立面、剖面图

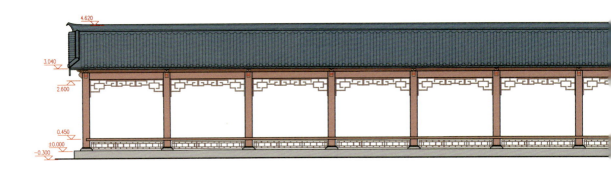

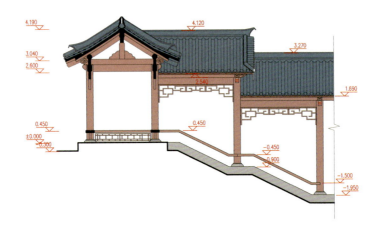

图5-26 八相长廊南段——东立面、剖面图

5 万安山景观营造

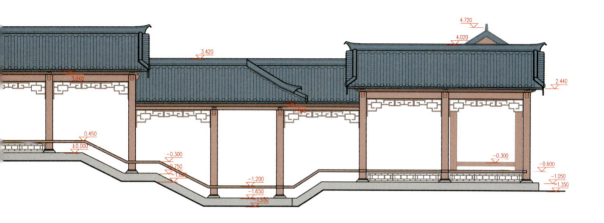
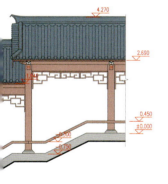
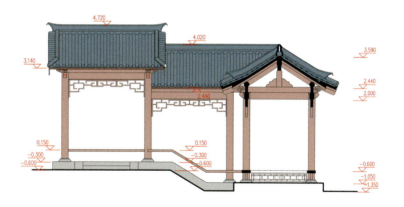

图5-27　八相长廊北段平面图

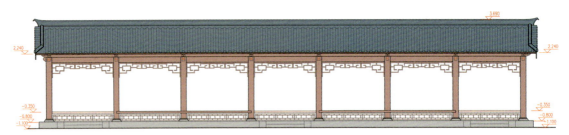

图5-28　八相长廊北段立面图

图5-29　八相长廊北段剖面图

图5-30 八相长廊效果图

图5-31 八相长廊建成实景图

（2）忧乐亭

八相长廊北段轴线南段对景观景亭。忧乐亭采用重檐四角攒尖形式，建筑面积约16m^2，屋顶、脊式采用灰色青瓦，梁、柱、椽、枋等采用赭红色（图5-32～图5-35）。

图5-32　忧乐亭平面图

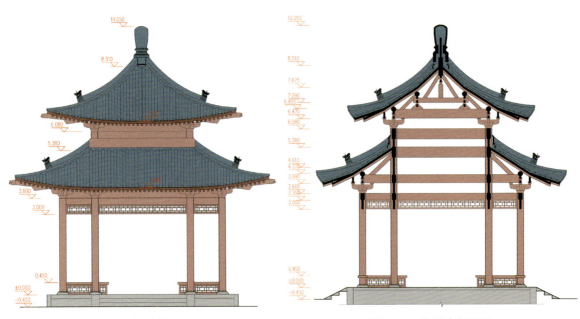

图5-33　忧乐亭立面图　　　　　　　　图5-34　忧乐亭剖面图

图5-35 忧乐亭建成实景图

（3）忧乐台

利用场地内完整的大块山石作为观景平台，山石略上翘，周边视线良好，是天然眺望观景点，也是充分展示范仲淹"先天下之忧而忧，后天下之乐而乐"壮志胸怀的最佳场所。通过木平台将"忧乐岩"以半包的形式，扩大访客的可游览面积，同时对山石形成保护，避免访客踩踏。

3. 种植设计

凭栏仰圣节点的种植设计，为契合八相长廊、优乐台和忧乐亭等景点的庄严肃穆氛围，景点多栽植常绿针叶树种，如油松、侧柏。同时为满足季相景观配置，栽植了一些观姿态、观叶、观枝、观果的植物，如五角枫、山楂、碧桃、紫薇、柿树等。

凭栏仰圣景观节点具体树种选择如下。

乔木树种：白玉兰、白蜡、侧柏、黄山栾树、华山松、槐树、栓皮栎、黄栌、鸡爪槭、碧桃、核桃、山楂、紫叶李等；

灌木树种：丛生紫薇、凤尾兰、木槿、小叶女贞、大叶黄杨、红叶石楠等；

草花地被：细叶麦冬、萱草、芍药、狼尾草、丛生迎春、丛生福禄考、细叶芒、鸢尾、玉簪、雏菊。

5.5.5 临壁小驻

临壁小驻景观节点位于万安山山顶公园的中部,属于山顶公园的修心问道区,海拔约700m。节点场地位于一处山坡中部,顺等高线呈西北—东南走势的狭长形状。得益于山坡的坡度和走势,场地内具有良好的东北向视野。同时,场地紧邻景区主干道,将会成为停靠休憩的重要节点。

1. 设计构思

临壁小驻景观节点沿着山形地势的走势,顺应狭长空间的基本特征,沿着坡向布置景观设施。场地纵向高差主要通过将广场与建筑分层设置来进行化解。考虑到景区主干道的因素,相关设施也临路而建,便于访客到访和使用。

2. 景点设计

临壁小驻景观节点紧密结合地形特征,沿着等高线和景区主干道布设,在道路北侧设置了临壁小驻广场和茶亭、茶廊等景点,形成了一处较为开敞的线性空间(图5-36)。

临壁小驻

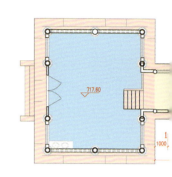

- 停车场（西）
- 茶亭（西）
- 临壁小驻西端入口
- 茶廊
- 茶亭（东）
- 临壁小驻广场
- 临壁小驻中部入口
- 机动车主路
- 种植池
- 临壁小驻东端入口
- 停车场（东）

图5-36　临壁小驻景观节点平面图

图5-37　临壁小驻广场效果图

（1）临壁小驻广场

临壁小驻广场采用木质铺装与石材铺装交替布置的方式，在两种铺装的交叠处设置台阶，同时木质铺装普遍向东北方向出挑，形成木平台，为访客提供向东北方向远眺赏景的空间。广场西北部设置茶亭、茶廊，供访客休息、品茶享用；另设置停车位、生态厕所、休息广场、休闲茶座、特色小品等景点，方便访客使用（图5-37）。

（2）茶亭、茶廊

茶亭、茶廊是临壁小驻景观节点的重要建筑。茶亭在东西各设置一处，茶廊则连接了两个茶亭。茶亭、茶廊采用了亭廊组合的建筑形式，由木、瓦打造，梁、柱呈赭红色，瓦为青灰色，建筑面积约160m²。两座茶亭所处位置的高程不同，而茶廊则通过拆分成5个层次的方式，既化解了高程的不同带来的不便，又使得亭廊空间更加有活力。这里既是访客品茗小憩，又是观景眺望洛阳市区的绝佳场所（图5-38～图5-40）。

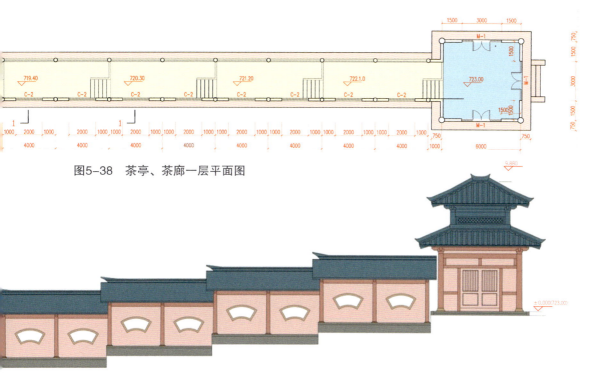

图5-38 茶亭、茶廊一层平面图

图5-39 茶亭、茶廊立面图

3. 种植设计

临壁小驻景观节点的种植设计，乔木部分通过大量的油松和黄山栾树体现"因地制宜、适地适树"原则，灌木部分种植黄栌和紫荆进一步突出植物景观多样性，同时结合地形变化，采用乔—灌—草的植物配置模式通过种植迎春、牡丹、连翘、丁香增加景观层次和丰富度。

临壁小驻景观节点具体树种选择如下。

图5-40 茶亭、茶廊效果图

乔木树种：华山松、白皮松、油松、银杏、合欢、黄山栾树、槐树、白玉兰、五角枫、柿树、碧桃、黄栌、栓皮栎；

灌木树种：紫叶李、紫荆、迎春、牡丹、连翘、丁香、珍珠梅、红叶石楠。

灵台仙踪（卢海军 摄）

5.5.6 灵台仙踪

灵台仙踪景观节点位于万安山山顶公园的中部，属于山顶公园的修心问道区，紧邻临壁小驻景观节点，海拔约730m。节点场地位于山脊线以南一处向南突出的平台上，平台之前就是悬崖，险峻特征突出而鲜明，同时这处向南突出的平台拥有绝佳的南向与西南向视野。

1. 设计构思

灵台仙踪充分利用地形地势和丰富有趣的悬崖景观，结合险峻的地势特征，赋予场地道教文化特质，力求使游览者在欣赏景色同时，领略宗教历史文化。在地势最高处设置停留空间，让访客能在此欣赏自然之壮阔。

2. 景点设计

灵台仙踪景观节点设置了天界台、醉仙亭、"天界"牌坊、三叠台、悬崖栈道、步云桥、烂柯台等景点，均是南临深渊，是一组景观极佳又富有冒险感受的景点组合（图5-41）。

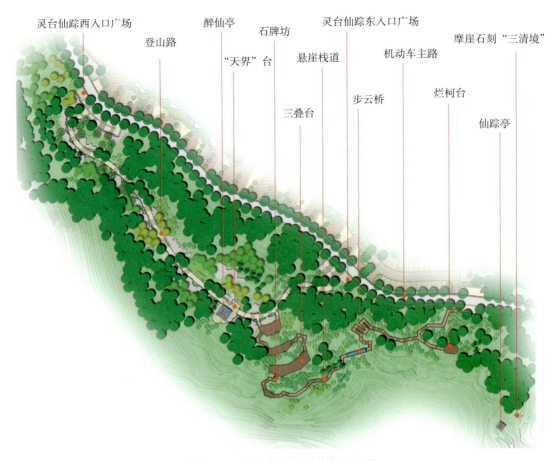

图5-41 灵台仙踪景观节点平面图

（1）"天界"台

本节点通过园林石刻的方式，分别标示"天界""地界""人界"，以及五行的生克循环，以此展示道家的哲学思想。同时，天界台的铺装由祥云图案组成，象征人到此处，已在云上，脚踏祥云，由"俗"入"仙"，心灵得到升华。在一处小山包上设醉仙亭，南临深渊，为访客提供开阔的视野（图5-42、图5-43）。

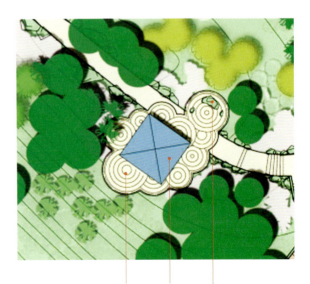

"天界"台祥云铺装　醉仙亭　"天界"碑

图5-42 "天界"台平面图

图5-43　天界台及醉仙亭建成实景图

（2）悬空栈道

悬空栈道区域由三叠台、悬崖栈道、步云桥、烂柯台等景点组成，北靠山体，南临深

图5-44　悬空栈道平面图

渊，在东面的悬崖峭壁上还有"三清境"摩崖石刻及仙踪亭。峭壁近乎垂直，纹理呈倾斜走向，是感受自然山体陡峭险峻之势的绝佳景点。仙踪亭设于峭壁上两块突出的巨石之上，并没有道路可达，巨石高程不一，仙踪亭也随山就势设置了不同的柱高。"三清境"摩崖石刻及仙踪亭结合在一起，让人无不感叹自然的鬼斧神工和人的巧夺天工（图5-45～图5-46）。

图5-45　悬崖栈道效果图

图5-46　"三清境"摩崖石刻建成实景图

3. 种植设计

灵台仙踪景观节点的种植设计，充分分析节点所处的环境根据天界台和悬空栈道特色景观选择植物搭配，展现出丰富、鲜活的景观氛围。

灵台仙踪景观节点具体树种选择如下。

乔木树种：华山松、白皮松、油松、银杏、合欢、黄山栾树、槐树、白玉兰、五角枫、柿树、碧桃、黄栌、栓皮栎；

灌木树种：紫叶李、紫荆、迎春、牡丹、连翘、丁香、珍珠梅、红叶石楠。

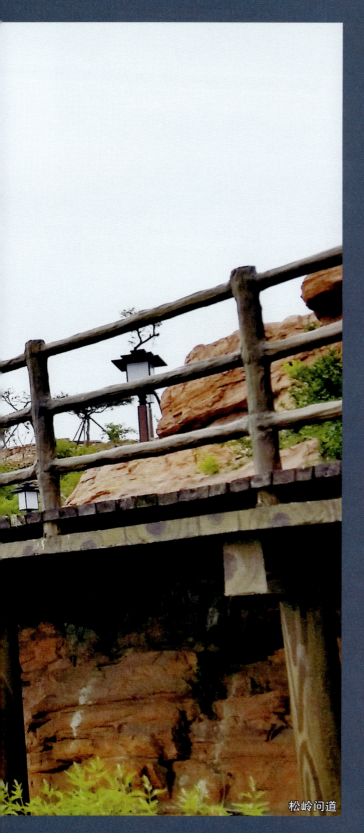

松岭问道

5.5.7 松岭问道

松岭问道景观节点位于万安山山顶公园的东部,属于山顶公园的修心问道区,海拔约900m。节点场地位于一处山峰之上,横跨山脊线,两侧景象各不相同。山脊线北侧较为平缓,但可利用区域不大;山脊线南侧则山石曲折、颇为险峻。场地中间有一条3m步行道路横穿而过,将场地一分为二。

1. 设计构思

松岭问道,寓意在生态静谧的松岭问询、探求道法的真谛。通过"道法自然"思想搭建起景观设计过程中人与自然之间的联系,借助这一文化内涵与景观的有机结合,生动诠释古典道家思想对景观意境表现的重要影响。

2. 景点设计

松岭问道景观节点充分利用地形地势和丰富有趣的悬崖景观,设置星象台、抚云轩、百米悬廊、"听松"牌坊、"闻道"牌坊、天然景石"不老石"、天然景石"天书崖"等景点(图5-47)。

洛阳万安山生态保护与利用规划设计研究

图5-47　松岭问道景观节点平面图

（1）星象台

星象台采用台的建筑形式，主要由砖、石、木打造，整体呈现青灰色，建筑面积约375m²。星象台采用了单层高台的样式，台面高约13m，总高度8m，配合陡峭的台基坡度，整体上给人颇为震撼的感觉。访客可以从台基两侧的折行三跑台阶登临星象台，感受这处夜游万安、观星赏月的建筑空间（图5-48～图5-51）。

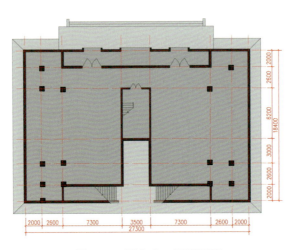

图5-48　星象台一层平面图

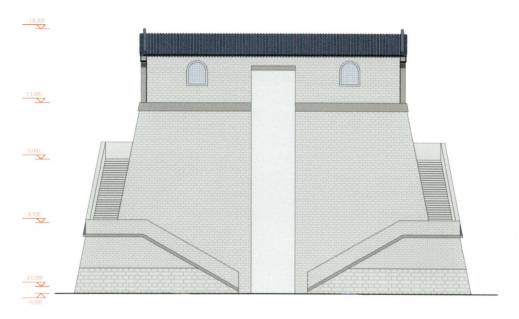

图5-49　星象台正立面图

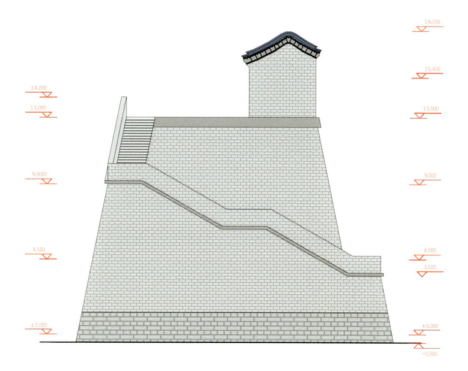

图5-50　星象台侧立面图

图5-51 星象台效果图

（2）抚云轩

抚云轩采用歇山形式，主要由木、砖、瓦打造，梁、柱呈赭红色，瓦为青灰色，建筑面积约100m²。抚云轩所处山顶海拔903m，为万安山生态区西部山体最高峰。抚云轩立于山巅之上、云层之中，伸手可轻抚白云，对话仙人，意境清雅（图5-52、图5-53）。

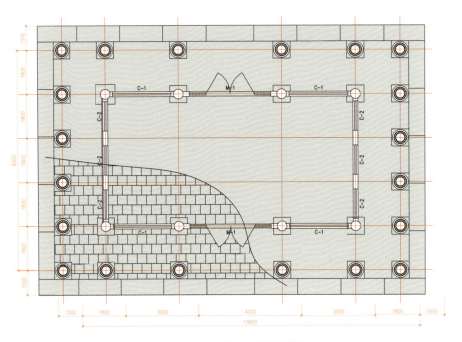

图5-52 抚云轩一层平面图

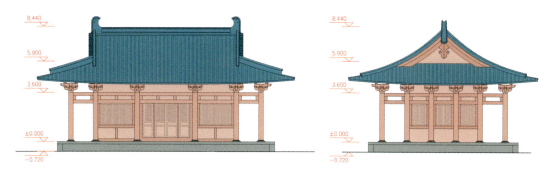

图5-53 抚云轩立面图

（3）"听松""闻道"牌坊

"听松""闻道"牌坊采用单间两柱冲天式的建筑形式，全石材打造，整体呈现石材原本的灰白色，柱间距2m。"听松""闻道"牌坊分别设在松岭问道景观点的西、东两端。该节点游览线路一般为西端进、东端出，入口处设"听松"呼应景点主题，符合文化意境，出口端设"闻道"总结游览收获，升华游览意境（图5-54～图5-56）。

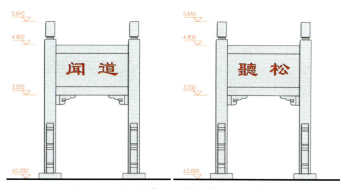

图5-54 "听松""闻道"牌坊正立面图

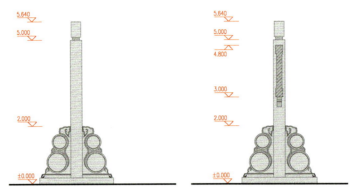

图5-55 "听松""闻道"牌坊侧立面图

图5-56 "闻道"牌坊建成实景图

（4）不老石

不老石是山脊上突出的一块天然石块，在几公里外即可明显看到，是很好的景观资源。设计将其充分利用，通过木栈道引至该处，在其周围因山势开辟观景平台，将该自然景石凸显出来，在其上刻字"不老石"，赋予长生不老的主题文化内涵（图5-57、图5-58）。

"百米玄廊"木栈道　　石下观景木平台　　天然景石"不老石"　　花灌木　　石前木平台　　3m步行道路

图5-57　不老石平面图

图5-58　不老石立面图

(5)"天书崖"

"天书崖"自然景观石形体方正，直立于山脚，横向纹理层次分明，形态特殊，宛如一本书平放在山体上。设计中将该处景点取名"天书崖"，整理场地，开辟观景空间，突出展示主题景观石（图5-59、图5-60）。

"百米玄廊"木栈道　　　天然景石"天书崖"　　　"天书崖"观景木平台

图5-59 "天书崖"平面图

图5-60 "天书崖"立面图

3. 种植设计

松岭问道景观节点的种植设计，充分考虑到植物形态、植物色彩、树干与树叶质地的差异性，以及植物与扶云轩、"听书""闻道"牌坊等景点的搭配关系，选择将体量、形态、质地各异的植物按照均匀或平衡的原则组景，例如将油松、白蜡搭配紫叶李、石楠，同时穿插点缀紫薇和碧桃，使景观呈现和谐的稳定感（图5-61）。

松岭问道景观节点具体树种选择如下。

乔木树种：油松、侧柏、五角枫、柿树、核桃、白蜡、黄山栾树、栓皮栎、鸡爪槭、山楂、黄栌、紫叶李、碧桃、紫薇、木槿、石楠等；

灌木树种：铺地柏、猬实、迎春、胡枝子；

草花地被：鸢尾、阔叶麦冬、孔雀草。

图5-61　松岭问道植物实景图

5.5.8 玉虚观象

玉虚观象景观节点位于万安山山顶公园的东部，属于山顶公园的修心问道区，海拔约870m。节点场地由两部分构成，一东一西。西部场地较大，位于一处山峰顶端。东部场地较小，且呈南北向狭长形状。两部分场地在北部隔崖相望，距离虽近却不能相连。

1. 设计构思

玉虚，即天宫。玉虚观象景观节点坐落在山顶道路最东端，这里岩石裸露，怪石嶙峋，与对面的祖师庙隔谷相望。设计依山就势设置观景平台，取"远望仙圣"之意。

2. 景点设计

玉虚观象景观节点并配套设置了游览索道、垂直观光电梯、登山步道等设施。观景平台采用木质材料，与天然石材的紧密结合，使景观效果较好的天然石块露出木平台之上，体现尊崇自然的原则，增加景观的自然野趣，通过天人合一思想与景观设计的融合，使访客感受道家思想带给人的无限遐想空间与审美感受。（图5-62）。

玉虚观象

图5-62　玉虚观象景观节点平面图

（1）观景平台

观景平台采用木质材料，注意与天然石材的紧密结合，使景观效果较好的天然石块露出木平台之上。体现尊崇自然的原则，增加景观的自然野趣（图5-63）。

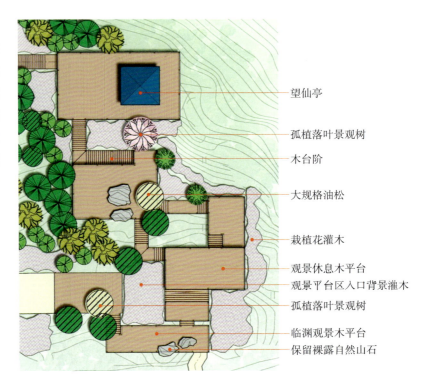

图5-63　观景平台平面图

（2）望仙亭

望仙亭采用重檐四角攒尖形式，主要由木、瓦建成，梁、柱呈赭红色，瓦为青灰色，建筑面积约16m²（图5-64~图5-66）。

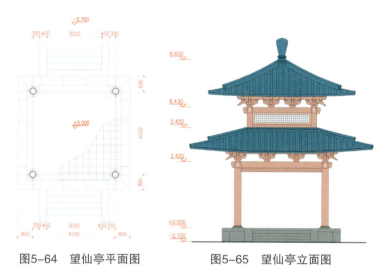

图5-64　望仙亭平面图　　　图5-65　望仙亭立面图

图5-66　望仙亭建成实景图

（3）揽胜亭

揽胜亭采用歇山形式，主要由木、瓦建成，梁、柱呈赭红色，瓦为青灰色，建筑面积约20m²（图5-67～图5-69）。

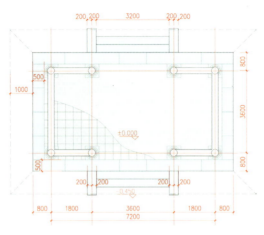

图5-67　揽胜亭平面图

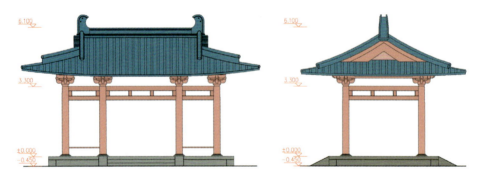

图5-68　揽胜亭立面图

图5-69 揽胜亭建成实景图

3. 种植设计

玉虚观象景观节点的种植设计,以丰富的乡土植物为主,通过自然式配置营造出具有多种群落结构和空间类型的植物景观。同时通过观景平台、游览索道和登山步道等景点与植物景观的有机搭配,充分衬托各景点的特色和文化气息,形成了一处传统文化和开放绿地有机融合在一起的节点空间。

玉虚观象景观节点具体树种选择如下。

乔木树种:华山松、油松、云杉、五角枫、白蜡、栓皮栎、鸡爪槭、山楂、碧桃等;

灌木树种:铺地柏、迎春、红瑞木、胡枝子、红王子锦带、榆叶梅、连翘、珍珠梅等;

草花地被:金焰绣线菊。

后记：关于生态保护与利用的思考

万安山作为洛阳伊滨新区南部天然的绿色屏障及生态氧吧，由于整个区域处于城郊，其生态环境和生态系统的健康稳定面临新区开发建设的冲击，其区位决定了开展万安山生态保护与利用是必然的时代使命。

基于万安山的自然和人文基底条件，其生态保护和利用整体依托伊滨新区建设和城乡统筹发展，各项保护与建设的引导和控制都与伊滨新区同步展开，从空间格局的统筹谋划到专项生态系统的保护修复，从解决区内村民生产、生活问题到历史文化和民风民俗的发掘研究，从土地的综合利用到核心资源的梳理开发等等，都在各阶段的规划设计和建设中得到落实体现。现如今万安山用地、交通、产业等的布局和资源引入已经可以与周边市县及景区景点高度联动，成为融入整个河南乃至中原地区维护区域生态安全格局的重要生态绿核。

万安山无疑是一个生态保护与合理利用相结合的成功案例，本次研究以《洛阳新区万安山生态保护与利用规划》为基础，选取《洛阳万安山山体植被恢复设计（2013—2020）》和《洛阳万安山山顶公园景观设计》两个已落地实施的设计，从专业的角度对万安山

生态保护与利用的过程进行了详细的解析，总结出万安山生态实践的成功得益于从顶层设计开始向下的层层递进和系统落实，主要体现在以下几个方面。

（1）宏观把控，区域规划

以万安山北坡116.7km²的范围为宏观尺度研究对象编制的《洛阳新区万安山生态保护与利用规划》，与全国、河南省和洛阳市的各个上位规划相衔接，从自然资源与人文资源的特征入手，宏观把控了生态保护与利用协调发展的格局及建设重点，注重生态网络体系的构建，强调在系统保护基础上形成专项利用规划，包括布局与形态、功能组团、土地利用、基础设施、农林牧渔、生态旅游等内容，充分体现了战略性思维对区域整体系统化的统筹布局和安排，为后续保护与利用项目的深入细化指明了方向。

（2）中观构建，生态修复

万安山北坡南端海拔较高、生态较为脆弱的11km²山体区域，是以森林生态系统健康评价为基础的中观尺度实践之一。其研究整体围绕森林生态系统的修复及景观绿化提升展开，以生态修复方法和造林应用技术为支撑，通过对地形地貌和植被群落的梳理重构，达到提高森林质量、修复山体的受损生态环境、丰富山体景观多样性的目的，最大程度承接落实上位规划的目标，为下一步生态效益的实现和后续山顶公园的建设做好了扎实的基础工作。

（3）微观整合，景观设计

万安山山顶公园是在充分利用中观层面的生态景观修复成果的基础上，对全长8.6km的山脊线景观资源的再利用和再设计。整个设计充分尊重场地特征，将万安山特有的历史文化、山体景观与生态

建设相结合,突出休闲、养生、隐修、科普教育等功能,使生态景观的社会效益和经济效益得以充分发挥,满足了当地居民节假日休闲度假以及区域生态旅游产业发展的需求。

万安山生态保护利用的规划与实践始于2011年,除了上述规划设计外,还经历了"七彩大峡谷""天湖景区"等多个项目的落地。10年间,随着国家生态文明建设的稳步推进,对于生态保护与利用的研究和实践也在逐步完善,特别是党的十八大以来将生态文明建设纳入"五位一体"总体布局、将"美丽中国"作为生态文明建设的宏伟目标之后,以山水林田湖草生命共同体为理念的生态保护工作逐步走向系统化,制度更加健全,体系更加完善。万安山的生态保护与利用将是一个持续的、动态的过程,其各项分期落地实施的项目也在随着生态保护与利用理念的发展而与时俱进。本次研究涉及的3个规划设计由于编制时间较早,对于自然保护地优化、国土空间管控、利用活动准入正负面清单等近年逐步发展完善的一些理念和方法尚未融入,但其规划设计理念的系统性和过程的完整性,仍然具有典型的代表意义,可以为其他区域同类型生态保护与利用的研究和实践提供有益的参考。